数はふしぎ

読んだら人に話したくなる数の神秘

今野紀雄

SB Creative

はじめに

　この本では、さまざまな**数**について、特にその不思議な性質に触れつつ、解説します。その数の中の1つ、**素数**の魅力を、ここで少し紹介しましょう。

　ご存じの方も多いかと思いますが、素数とは、「**2以上の自然数で、約数が1とその数自身だけの数**」です。具体的には、「2，3，5，7，11，13，17」のような数です。「4」は、約数が1と4だけでなく2もあるので、素数ではありません。

　このように、簡単に定義される素数ですが、その性質や構造は非常に豊かで深く、まさに「尽きせぬ泉」のごとくです。

　まず、この素数は何個あるのでしょうか？　正確な個数がわからなくても、有限個なのでしょうか？　あるいは、無限個なのでしょうか？

　実は、無限個存在します！

　しかも、その証明は、約2300年以上という、はるか昔のギリシャ時代に、ユークリッドの『原論』という本の中で示されています。それは大変驚くべきことです。くわしくは、本書の第3章で説明します。

　次に、**双子素数**と呼ばれる、その差が2である2個の素数の組を考えましょう。具体的には、(3, 5)、(5, 7)、(11, 13) などです。しかし、この双子素数は、「素数のように無限個ある」という予想はあるものの、誰もその

証明には成功していません。この**双子素数問題は、有名な数学上の未解決問題の1つなのです。**

それに関連して、2013年に、米国のニューハンプシャー大学（当時）の張益唐が、「**隣り合った素数の隔たりが、7千万以下のものが無数組存在する**」ことを証明しました。このニュースはあっという間に世界を駆け巡り、日本でもスポーツ新聞で扱われるほど大きく報道されました。この新定理を発見したときの彼の年齢が60歳弱だったことも注目度を高めたように記憶しています。現在、この「7千万」という幅はかなり狭められていますが、双子素数の場合の「2」までは残念ながら達していません。もし達したら、双子素数問題は解決し、予想どおり「双子素数は無限個ある」ことが示されたことになります。

ところで、皆さんの中には、別の有名な数学上の未解決問題の1つとして、**リーマン予想**をご存じの方もいると思います。この予想は、ドイツの数学者リーマンによる1859年の論文に基づきますが、実は**素数がどのように分布しているかと密接に関係している**のです。論文のタイトルがまさに「与えられた数より小さい素数の個数について」です。先の双子素数問題も、素数の分布と関係がありますね。

さて、その差が2である3個の素数の組、いわば、**三つ子素数**の組はいくつあるでしょうか？　実は、本文でも紹介するように、$(3, 5, 7)$の**たった1組しか存在しない**ことが、簡単に示せます。

このような3個の素数の組を$(p, p+2, p+4)$とすると1組しかないのですが、少しひねりを入れて、3個の素数の組で$(p, p+2, p+6)$のような三つ子素数を考えると、状況は一変します。この場合には、$(5, 7, 11)$、

(11, 13, 17)、(17, 19, 23)のようにたくさん存在します。それどころか、**無限個存在すると予想**されています。

さらに、この種の話はどんどん発展しています。

4個の素数の組で(p, $p+2$, $p+4$, $p+6$)のタイプの**四つ子素数**が存在しないことはすぐにわかるので、たとえば、4個の素数の組で(p, $p+2$, $p+6$, $p+8$)タイプの四つ子素数を考えたくなります。この場合には、(5, 7, 11, 13)、(11, 13, 17, 19)のように1組以上存在しますが、無限個存在するかは、まだ証明されていません。

また、2個の素数の組でも、双子素数は(p, $p+2$)のタイプでしたが、(p, $p+4$)のタイプは**いとこ素数**、(p, $p+6$)のタイプは**セクシー素数**などと呼ばれて、研究されています。

このように、さまざまな素数の組が存在し、それに関連する問題はまだまだありますが、話が尽きないので、この辺で話を収束させましょう。

学校で数学を学んでいると、基本的に知られている結果ばかりを教わるので、「この宇宙には解けない問題は非常にまれで、しかも特殊な問題しか存在しないのでは？」という印象を受けてしまいます。「数学って万能ではないか？」——そんな気さえしてきます。しかし、実はそのようなことはなく、「問題を簡単に理解でき、一見、解けそうに思える」けれども、「本当は解けず、非常に難しい問題」が、ごろごろ転がっているのです。その意味**でも、数は問題という「宝」の山**なのです！

また、いままで述べてきたように、数の中でも素数の、しかもちょっとした話題であっても、話が無限に広がります。私の研究分野は主として**確率論**ですが、その研究プロセスでも数、特に**自然数**は顔を出します。むしろ、

確率は組み合わせによっても計算できることが少なくないので親和性が高く、当然のことといえます。しかし、予期せぬところで意外な数に遭遇したときの喜びは、研究者として何物にも代えがたい無上のものです。大げさかもしれませんが、「**数を語ることは数学を語ること**」といっても過言ではないでしょう。なお本書は、2001年に出版した『図解雑学 数の不思議』(ナツメ社)を、大幅に修正したものです。

最後になりましたが、科学書籍編集部の石井顕一さんには、今回もきめ細かいていねいな仕事をしていただき、大変お世話になりました。深く深く感謝いたします。

2018年酷暑 横浜本牧にて 今野紀雄

著者プロフィール

今野紀雄(こんの のりお)

1957年、東京生まれ。1982年、東京大学理学部数学科卒。1987年、東京工業大学大学院理工学研究科博士課程単位取得退学。室蘭工業大学数理科学共通講座助教授、コーネル大学数理科学研究所客員研究員を経て、現在、横浜国立大学大学院工学研究院教授。おもな著書は『ざっくりわかるトポロジー』『マンガでわかる複雑ネットワーク』(共著)、『マンガでわかる統計入門』(サイエンス・アイ新書)、『図解雑学 複雑系』『図解雑学 確率』『図解雑学 確率モデル』(ナツメ社)など。

本文デザイン・アートディレクション:近藤久博(近藤企画)
イラスト:近藤久博(近藤企画)、アカツキウォーカー
校正:曽根信寿

CONTENTS

はじめに ……………………………………………………………………… 2
数の世界を俯瞰する ………………………………………………………… 8

第1章 「数」を分類する …………………………………………… 9
- 1-1 「数」はいつ発見されたのか? …………………………………… 10
- 1-2 「自然数」と「集合」を考える …………………………………… 12
- 1-3 「負の数」とは何か? ……………………………………………… 14
- 1-4 「偶数」と「奇数」の見分け方 …………………………………… 16
- 1-5 掛け算と割り算で重要な「倍数」と「約数」…………………… 18
- 1-6 「素数」とは何か? ………………………………………………… 20
- 1-7 「有理数」とは何か? ……………………………………………… 22
- 1-8 「無理数」とは何か? ……………………………………………… 24
- 1-9 「小数」とは何か? ………………………………………………… 26
- 1-10 「実数」とは何か? ………………………………………………… 28
- Column1 無理数を覚える語呂合わせ …………………………… 30

第2章 特別な存在「0 (ゼロ)」 …………………………………… 31
- 2-1 「0 (ゼロ)」はいつどこで誕生した? …………………………… 32
- 2-2 0の存在はなぜ重要か? …………………………………………… 34
- 2-3 0はどのように広がった? ………………………………………… 36
- 2-4 0の恩恵を受けた「計算」………………………………………… 38
- 2-5 0と空集合は似た関係にある ……………………………………… 40
- 2-6 0と数直線と平面座標 ……………………………………………… 42
- 2-7 0を使えば大きな数も簡単に表せる ……………………………… 44
- 2-8 0は身近にあふれている …………………………………………… 46
- Column2 「新世紀」のはじまりはちょっと半端? ………………… 48

第3章 ふしぎな性質や予想がたくさんある「素数」 ………… 49
- 3-1 素数は「最も重要」な数? ………………………………………… 50
- 3-2 素数は無限にある …………………………………………………… 52
- 3-3 素数はどのように分布している? ………………………………… 54
- 3-4 「双子素数」とは何か? …………………………………………… 56
- 3-5 エラトステネスの素数のふるい …………………………………… 58
- 3-6 「素数を生成する公式」はない …………………………………… 60
- 3-7 「メルセンヌ数」とは何か? ……………………………………… 62
- 3-8 メルセンヌ素数は無限にあるか? ………………………………… 64
- 3-9 素数を心から愛する人たち ………………………………………… 66
- 3-10 「フェルマー数」とは何か? ……………………………………… 68
- 3-11 「ゴールドバッハの予想」とは? ………………………………… 70
- 3-12 ちょっと変わった素数たち ………………………………………… 72
- Column3 「1だけが並んだ」素数は少ない! …………………… 74

第4章 「約数」から見たいろいろな数 …………………………… 75
- 4-1 「不足数」とは何か? ……………………………………………… 76
- 4-2 「過剰数」とは何か? ……………………………………………… 78
- 4-3 「完全数」とは何か? ……………………………………………… 80
- 4-4 「奇数の完全数」はある? ………………………………………… 82
- 4-5 「友愛数」とは何か? ……………………………………………… 84
- 4-6 ようやく見つかった「友愛数のペア」…………………………… 86
- 4-7 友愛数についての「予想」………………………………………… 88
- 4-8 「社交数」とは何か? ……………………………………………… 90
- 4-9 「不思議数」とは何か? …………………………………………… 92
- Column4 いまだに証明されていない「$3x+1$問題」とは? …… 94

第5章 図形と数が結びついた「図形数」 ………………………… 95
- 5-1 「三角数」とは何か? ……………………………………………… 96

5-2	三角数を求める公式	98
5-3	組み合わせで登場する三角数	100
5-4	「四角数(平方数)」とは何か?	102
5-5	「五角数」や「六角数」もある?	104
5-6	フェルマーの予想	106
5-7	組み合わせで登場する「正四面体数」とは?	108
5-8	「立方数」とは何か?	110
5-9	「平方数」と「立方数」の関係は?	112
5-10	「平方数」は「立方数」の和	114
5-11	ウェアリングの予想	116
Column5	懐かしい「寺山算術」	118

第6章 まかふしぎな「魔方陣」   119

6-1	「魔方陣」とは何か?	120
6-2	「魔法和」とは何か?	122
6-3	低い次数の魔方陣の数は?	124
6-4	4次の魔方陣のふしぎ	126
6-5	中心について対称な「対称魔方陣」	128
6-6	魔方陣の「つくり方」	130
6-7	魔方陣にもいろいろある	132
6-8	六角形からなる「魔方六方陣」	134
Column6	魔方陣と「惑星」に関係がある?	136

第7章 円周率「π(パイ)」の歴史   137

7-1	「π(パイ)」とは何か?	138
7-2	「円周率」という考え方の起源は?	140
7-3	πの値を近似するには?	142
7-4	東洋でのπの値の追究	144
7-5	数学史上初の「πを導く公式」	146
7-6	πを導くさまざまな公式	148
7-7	人力からコンピュータの時代へ	150
7-8	πは分数で表せない無理数	152
7-9	πを使った公式はいろいろある	154
7-10	「円積問題」とは何か?	156
Column7	オンラインにある「整数列大辞典(OEIS)」	158

第8章 煩雑な計算を簡単にした「指数」と「対数」   159

8-1	「足し算」は「掛け算」より簡単	160
8-2	「等比数列」とは何か?	162
8-3	「指数の和」とは何か?	164
8-4	「引き算」は「割り算」より簡単	166
8-5	「等比数列」と「等差数列」	168
8-6	ネイピアの斬新なアイデア	170
8-7	ネイピアは底を「0.9999999」とした	172
8-8	なぜ「0.9999999」を採用したのか?	174
8-9	「対数」とは何か?	176
8-10	eとはどんな数か ①	178
8-11	eとはどんな数か ②	180
8-12	eとはどんな数か ③	182
8-13	微分・積分と密接に関係する「e」	184
Column8	シャルル・エルミートの悔恨	186

おわりに	187
主な参考文献	188
索引	189

数の世界を俯瞰する

いろいろな数

例) $\sqrt{2}$ は、無理数かつ実数かつ複素数である。
　　なお、本書で虚数は扱わない。

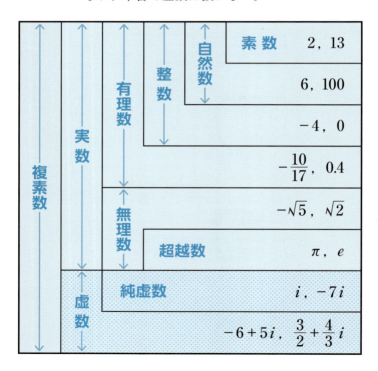

第 1 章
「数」を分類する

この章では、数学の世界だけでなく、日常生活などさまざまなところで登場する数を扱います。具体的には、**自然数、偶数と奇数、倍数と約数**です。そして、本書の第3章でくわしく解説する**素数**についても少し触れます。さらに、**有理数と無理数、小数、実数**を解説します。

人は古くから「もの」を数えてきた

「数」はいつ発見されたのか？

　本書では、**数学**というよりは**数そのもの**、特にそのふしぎな性質に焦点を当て、深く掘り下げていきます。第1章では数の起源について紹介し、その後、数の大まかな分類について解説していきましょう。

　数の起源は、「数える」という行為にあります。私たちの先祖は、獲物の数を数えたり、数を仲間に伝えたりするために、必然的に数えることをしなければならない状況にありました。

　現代人の私たちにとっては想像もつかないことですが、現在使われている「1, 2, 3」という具体的な「数字」は、このころはありませんでした。しかし、動物の骨にすじ目をつけたものや、岩に傷をつけたような、**明らかに数を表していると考えられる痕跡**が発見されています。

　明確な数の表記がはじめて現れたのは、エジプト文明期、及びメソポタミア文明期だと考えられています。皆さんどこかで聞いたことがあるかもしれませんが、象形文字の中には数を表すものがたくさん確認されています。

　さらに、バビロニア人は粘土板に楔形文字で、**60進法**を採用していた記録がありますし、ギリシャでは、現在の**10進法**に近いものが使われていました。

　先に解説したような、1対1の対応で骨にすじ目をつけたりする数の表記は、数えるものの数が多くなればなるほど気の遠くなるような作業となります。「1, 2, 3, …」のような数の誕生は、私たちの先祖が、日常生活の便利さを追求した結果ということができるでしょう。

■ エジプト文明、メソポタミア文明

（紀元前3000年ごろ）

| 1 | 10 | 100 | 1000 | 10000 | 100000 | 1000000 |

たとえば「23」は「∩∩|||」と表す

■ バビロニア

楔形文字

▽ ⟶ $1, 60^1, 60^2, ...$ を表す

◁ ⟶ $10, 10×60^1, 10×60^2, ...$ を表す

60進法を採用していた

■ ギリシャ

| 1 | 10 | 100 | 1000 | 10000 |

I △ H X M

数字以前の「数」は、記号のようなものを使っていた。
ギリシャでは10進法に近いものを採用していた

自然数すべてを要素に持つ集合NはN={1, 2, 3, ...}

「自然数」と「集合」を考える

自然数は、私たちに最もなじみのある数だといってよいでしょう。最初に数字を使いはじめたとき、おそらく誰もが「いち、にい、さん、……」と指折り数えたはずです。改めて書き表すと、1, 2, 3, ... となります。この「...」というのは、実は無限に続くという意味です。

ここで、ある条件をみたすものの集まり、すなわち**集合**について簡単にふれてみましょう。そのことにより、自然数やいろいろな数の性質がよく理解できるはずです。

集合をつくっている個々のものを**要素**といいます。たとえば、「1, 2, 3, 4, 5を要素とする集合がAである」ことを、その要素を並べて、

$$A = \{ 1, 2, 3, 4, 5 \}$$

と表します。このような書き方をすると、自然数すべてを要素に持つ集合Nは、

$$N = \{ 1, 2, 3, ... \}$$

と表すことができます。自然数は英語で**natural number**と呼ばれるので、自然数を表す集合はその頭文字Nが使われます。

また、集合のように、要素の個数が有限個である集合を**有限集合**といい、自然数全体の集合Nのように、要素が無数にある集合を**無限集合**といいます。

先ほどの集合Aは、1以上5以下の自然数の集合なので、

$$A = \{ x \mid 1 \leq x \leq 5,\ x は自然数 \}$$

のように表すこともあります。

■ 集合とは？

1, 2, 3, 4, 5は集合Aの要素。このようなとき、1, 2, 3, 4, 5はそれぞれ集合Aに属するといい、
「1, 2, 3, 4, 5 ∈ A」
あるいは、
「A ∋ 1, 2, 3, 4, 5」
と示す

■ 集合Nと集合Aの関係

左のように図示でき、集合Aは集合Nに含まれている

このような集合Aは**集合Nの部分集合**と呼ばれる

日常生活にもよく登場する「マイナス(−)」

「負の数」とは何か?

この項では**負の数**について解説しましょう。

負の数は、日常生活の中に数多く登場します。冬の寒い日に、「今日の最低気温はマイナス10(−10)℃」などという天気予報を聞いたことがあるでしょう。この「マイナス10(−10)」こそが、負の数です。

負の数を用いるときは、常に0(ゼロ)を基準点とした、左右に限りなく伸びた長い「ものさし」を思い浮かべるとよいでしょう。

ここでは、このものさしのことを**数直線**と呼びます。

0を出発点として、右へ1,2,3,…と続くのが**正の数**(前の項で学んだ自然数のこと)であり、逆に左へ−1,−2,−3,…と続くのが、ここで学ぶ**負の数**です。これらの数の目盛りは、0に対して左右対称に並んでいます。

負の記号、−(マイナス)には、「減らす」「失くす」などの意味があります。たとえば、「−3」は、ある数から3だけ減らすことを示しています。

マイナスの記号は、あえて負の数にだけついていますが、実は正の数にも+(プラス)の記号が隠れています。プラスの記号には、マイナスとは逆に「増やす」「加える」という意味があります。

この負の数と、前項で登場した自然数、さらに0を合わせたものが、**整数**です。従って、自然数は**正の整数**、ここで紹介した負の数は**負の整数**ということもできます。

次の項では**偶数**と**奇数**について学びましょう。

■ 数直線とは？

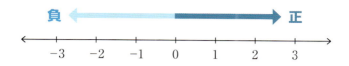

- 右へ行くほど、大きな数になる
- 0を基準点として左側が負の数

■ 温度計は身近な数直線

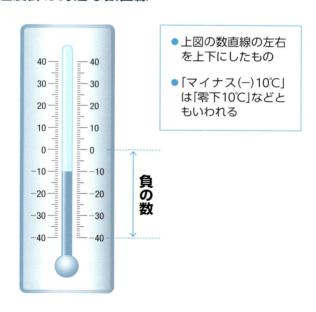

- 上図の数直線の左右を上下にしたもの
- 「マイナス(−)10℃」は「零下10℃」などともいわれる

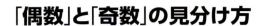

一の位を見れば判別できる

「偶数」と「奇数」の見分け方

　読者の皆さんは、**偶数**、**奇数**という言葉をご存じだと思いますが、ちょっと確認すると、2で割り切れる数が偶数、2で割り切れない数が奇数です。1-2で学んだ集合の記号を用いると、偶数の集合Aは、

　　$A = \{..., -4, -2, 0, 2, 4, ...\}$

一方、奇数の集合Bは、以下のようになります。

　　$B = \{..., -3, -1, 1, 3, ...\}$

　少し数学的にいうと、aを（前の項で出てきた）整数とすると、偶数は「$2a$」、奇数は「$2a+1$」と表すことができます。
　たとえば、8の場合を考えてみましょう。このとき、

　　$8 = 2 \times 4$

なので、8は偶数であることがわかります。確かに、$a = 4$とすればOKです。また、15ならば、

　　$15 = 2 \times 7 + 1$

なので、15は奇数であることがわかります。確かに、$a = 7$とすればOKです。
　逆に、ある数が与えられたとき、その数が偶数か奇数かを判定するにはどうしたらよいでしょうか？　実は、いくらその数が大きいものでも、**一の位が偶数か奇数かですぐに判断できる**のです。たとえば、「135798」は、一の位が「8」で偶数なので、

元の数も偶数となります。同様に、「224466881」は、一の位が「1」で奇数なので、元の数も奇数となります。

■ご祝儀のマナーにも関係がある偶数と奇数

> 2で割り切れる偶数は「夫婦が別れる」ことを連想させるので、タブーとされている

ご祝儀3万円の場合

3枚 奇数なので問題なし

ご祝儀2万円の場合

2枚 偶数なのでタブー

3枚 1枚の1万円札を5千円札2枚にすれば、合計3枚になるので大丈夫

1 ▶ 最小公倍数と最大公約数って何だっけ？

5 掛け算と割り算で重要な「倍数」と「約数」

　掛け算、割り算の計算をするときに忘れてはいけないのが、**倍数**と**約数**です。

　自然数aの倍数とは、「aを何倍かして得られる数」のことです。たとえば、その何倍かを「n倍」（ただしnは整数）とすると、3の倍数は$3n$と表せます。このとき、$a = 3$であることに注意しましょう。

　このことを、数直線上で考えると、2の倍数は、自然数を1つおきに飛ばしたすべての数です。また、3の倍数は2つおき、4の倍数は3つおき……、といったようになります。つまり、aの倍数は$(a - 1)$個の自然数を飛び越した数なのです。

　次に、約数に移りましょう。2つの自然数a、bに対して、aがbの倍数になるとき、bをaの約数といいます。たとえば、21は3の倍数（$21 = 3 \times 7$）なので、3を21の約数というのです。

　次に、**公倍数**、**公約数**を説明しましょう。いくつかの数の間で共通な倍数、約数は、それぞれ、公倍数、公約数と呼ばれます。

　このとき、公倍数は**最小のものに注目**します。たとえば、3と4の公倍数は12, 24, 36,...なので、最小公倍数は12です。どうして最小に注目するかというと、最大公倍数は無限大となり、定義できないからです。

　逆に公約数は**最大のものに注目**します。12と30の公約数は1, 2, 3, 6なので、最大公約数は6です。同様に、どうして最大に注目するかというと、最小公約数は（実はいつも）1となってしまうからです。

■ 最小公倍数

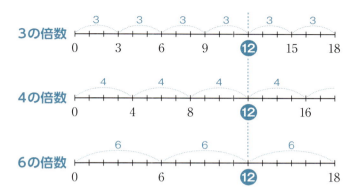

- 3つの数の倍数に共通な数である「12」が公倍数
- 24, 36, …も公倍数だが、「12」は最小公倍数

■ 最大公約数

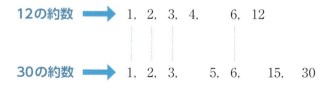

「12」と「30」の約数のうち、
両者に共通の「1, 2, 3, 6」が **公約数** で、
このうち最大の「6」が **最大公約数**

約数が「1」とその数字自身しかない数

「素数」とは何か？

　前の項で、約数について学びました。この項では、それにもとづき**素数**について解説しましょう。素数については第3章でよりくわしく解説します。たとえば、まず「6」という数字について考えてみます。この「6」の約数は、

　　1, 2, 3, 6

と4つ存在することはすぐにわかるでしょう。実際に、6は上の4つの数ですべて割り切れます。

　今度は、「7」という数字について考えてみましょう。この「7」のすべての約数は、

　　1, 7

と2つしか存在しません。すなわち、「1」と「7」それ自身です。
　この「7」のように、**約数が「1」とその数字自身しかない数**を**素数**といいます。この一見、特殊に思われる数が、後でその一端を垣間見るように、数学のさまざまな分野と非常に密接にかかわっているのです。素数を小さい順に並べてみると、

　　2, 3, 5, 7, 11, 13, 17, 19, 23, ...

のように続きます。通常、「1」は素数の仲間に入れません。
　この数の列を見ると、まず最初の「2」以外はすべて奇数であることに気がつくでしょう。実際、それは正しいのです。とはいっても、すべての奇数が素数であるわけではありません。たとえば、奇数の「9」は、約数として、「1」「9」だけでなく、「3」

も持つからです。

　この**素数の列をくわしく眺めると、いろいろとおもしろいことがわかるのですが**、それは第3章でのお楽しみということにしましょう。

■6の約数を探す

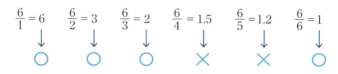

6の約数は「1, 2, 3, 6」

■7の約数を探す

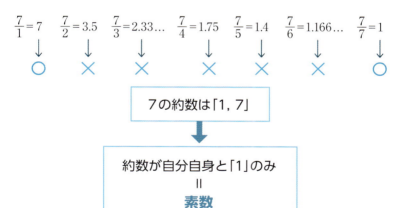

上のように探すと、最初と最後だけ割り切れるのが素数である

整数はすべて有理数になる

「有理数」とは何か？

ここまでの項では、整数に関する話をしてきました。ここからは、整数を含む、もう少し広い数の集合について解説しましょう。この項で紹介するのは、**有理数**という数です。有理数を数学的に定義すると、「整数 m と0でない整数 n を用いて分数 $\frac{m}{n}$ の形に表すことのできる数」ということになります。「いきなりそういわれても……」という方のために、いくつか例を挙げてみましょう。

たとえば、$m=3$、$n=5$ のとき、

$$\frac{3}{5}$$

は有理数です。また、$m=3$、$n=6$ のとき、

$$\frac{3}{6}$$

も有理数ですが、これはもちろん $\frac{1}{2}$ に等しくなります。また、n が0だと分母が0になってしまいますが、m は別に0でもよいので、$m=0$、$n=5$ を考えると、

$$\frac{0}{5}$$

つまり、0も有理数になります。それどころか、n を特に1とすると、$\frac{m}{1}=m$ なので、**整数はすべて有理数になる**ことがわかります。従って、もちろん正の整数である自然数も有理数です。このような、自然数（正の整数）、整数、有理数の包含関係を**右ページ**に表します。次の 1-8 では、有理数でない数について解説しましょう。

■ 自然数（正の整数）、整数、有理数の包含関係

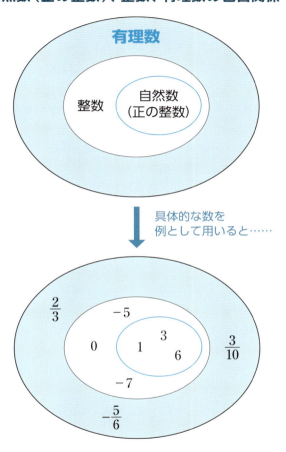

有理数の定義 m、n が整数のとき（$n \neq 0$）、$\dfrac{m}{n}$ は有理数である

「無理数」とは何か？

分数で表せない $\sqrt{2}$, $\sqrt{3}$, ... の世界

さてこの項では、有理数ではない数を紹介します。それは**無理数**と呼ばれる数です。代表的な例としては $\sqrt{2}$ が挙げられます。同じように、$\sqrt{3}$ や $\sqrt{5}$ なども無理数です。

この無理数は、なじみのない数のような印象を最初は持つかもしれませんが、必ずしもそんなことはありません。たとえば、1辺の長さが1の正方形の対角線の長さは $\sqrt{2}$ です。このように身近にも無理数は存在します。

この他に、日常よく現れる無理数の例として、**円周率 π** があります。この円周率もあらゆる数学の分野に顔を出す重要な数なので、本書では第7章でくわしく解説します。

今から2500年ほど前、ピタゴラスは「万物は数である」という言葉を彼の教団のスローガンに掲げました。ただし、ここでいう「数」とは、正の有理数を意味していました。数が有理数だけである理由は、「万物の調和は、音階の調和が示すように、自然数の比（すなわち正の有理数）によって与えられる」と信じられていたからです。

しかし、皆さんは、**ピタゴラスの定理**と呼ばれる、右ページのような直角三角形の3辺の長さに関する定理をご存じでしょう。皮肉なことに、まさにこのピタゴラスの定理から、**右ページ**の説明のように、$\sqrt{2}$ の存在が示されてしまうのです。

伝説によると、「$\sqrt{2}$ は無理数である」という結果を口外したピタゴラス派の人は、航海中、海に突き落とされ溺死したといいます。かつて、有理数、無理数という概念が、人の命と同じほど尊く、重かった時期もあったのです。

■ 無理数の存在はピタゴラスの定理で示される

ピタゴラスの定理
（三平方の定理） $a^2 = b^2 + c^2$

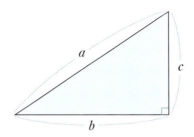

↓ これを使うと……

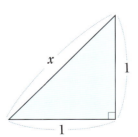

$x^2 = 1^2 + 1^2$ なので、 $x^2 = 2$

故に、 $x = \sqrt{2}$

となって**無理数**が出現する

有限小数と循環小数がある
「小数」とは何か?

　ここまで学んだ有理数や無理数を、**小数**で表すことを考えてみましょう。まず、有理数を小数で表すと、

$$\frac{3}{4} = 0.75, \quad \frac{1233}{500} = 2.466$$

のように、数字が有限で終わる**有限小数**になる場合があります。しかし、そのような有限小数ばかりではありません。たとえば、

$$\frac{1}{3} = 0.333\ldots, \quad \frac{39}{185} = 0.2108108\ldots$$

のように、ある位から先は同じ数字の配列が限りなく繰り返される**無限小数**になる場合があります。このような無限小数は**循環小数**と呼ばれ、次のように点をつけて表します。

$$0.333\ldots = 0.\dot{3}, \quad 0.2108108\ldots = 0.2\dot{1}0\dot{8}$$

　逆にいえば、有限小数や循環小数は、$\frac{m}{n}$ のような有理数の形で表せるということです。このように、整数でない有理数は、有限小数と循環小数の2つの集合に分けられます。

　では、無理数を小数で表すとどうなるでしょうか?

　結論からいうと、無理数は「循環しない無限小数」となります。$\sqrt{2}$ は無理数の代表といえますが、小数で $\sqrt{2}$ を表すと、

$$1.41421356\ldots$$

となります。「ひとよひとよにひとみごろ(一夜一夜に人見ごろ……」という語呂合わせで覚えた人も多いでしょう。「循環

しない」という意味は、「ひとよひとよにひとみひとみひとみ……」と「ひとみ」を繰り返すようなことは決して起こらない、ということです。

■ 小数の分類

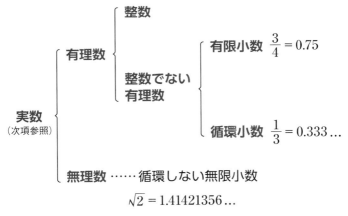

上のように小数は「3つのクラス（有限小数、循環小数、循環しない無限小数）」に分類される

■ 循環しない無限小数

$$\sqrt{2} = 1.41421356\ldots$$

$$\sqrt{3} = 1.7320508\ldots$$

$$\sqrt{5} = 2.2360679\ldots$$

$$\sqrt{6} = 2.4494897\ldots$$

これらはすべて循環しない無限小数である

「実数」とは何か？

有理数と無理数を合わせた数全体が実数

さて、この項では**実数**について紹介しましょう。実数とは、有理数と無理数を合わせた数全体のことです。1-3で、数直線について紹介しましたが、実はこの数直線上の点全体が実数全体を表しています。異なる1つずつの点がすべての実数に対応しているのです。

では、実数全体の中で、有理数と無理数はどのくらいの割合で存在しているのでしょうか？

我々になじみのある、$\frac{1}{4}$ や $\frac{2}{5}$ など、分数で表される数は、すべて有理数なので、有理数のほうが圧倒的に多いような気がするかもしれません。

しかし、現実は逆で、実は無理数のほうが有利数よりも圧倒的に多いのです。

このことを正確に説明するのは難しいのですが、**無限に広がった無理数という大海の中に、点在する孤島が有理数を表している**というイメージです。

このように、我々の直感をときどき裏切ってくれる数の性質のふしぎな魅力に、本書を読み進めるにつれ、少しずつ虜になってくるあなた自身にそのうち気がつくことでしょう。

さて、有理数と無理数からなる実数の範囲は非常に広いので、「では、実数でない数はあるのか？」という疑問が出てくるかもしれません。実はあるのです。それは、**虚数**という数です。虚数では「2乗して−1になる数を i」とします。つまり $\sqrt{-1} = i$ です。すなわち $i^2 = -1$ です。

ただし、本書ではこれ以上くわしくは取り上げません。

■実数と無理数と有理数の関係

無理数という無限の大海に点在するのが有理数である

■実数と虚数をイメージできる
　　　　　　　　　　複素数平面（ガウス平面）

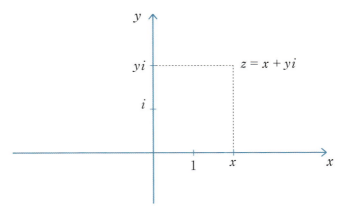

x軸で実数を、y軸で虚数を表す

無理数を覚える語呂合わせ

Column 1

　第1章に登場した無理数は、循環しない無限小数です。つまり、いつまでも不規則に数が並ぶ小数です。この無理数の代表例としては、$\sqrt{2}$、$\sqrt{3}$、$\sqrt{5}$などが挙げられます。

　これらの値は、小数点以下の数桁を覚えるための、実によくできた有名な**語呂合わせ**が昔から知られています。ご存じの方も多いと思いますが、ここでいくつかご紹介しておきましょう。

$\sqrt{2} = 1.41421356\ldots$　　一夜一夜に人見ごろ

$\sqrt{3} = 1.7320508\ldots$　　人並みにおごれや

$\sqrt{5} = 2.2360679\ldots$　　富士山麓オウム鳴く

第2章
特別な存在「0 (ゼロ)」

この章では、**ゼロ**を扱います。我々にとってゼロは、あたかも空気や水のような自然な存在ですが、1, 2, 3, ... のような自然数に比べて、その誕生時期は遅かったと考えられています。そのような、数の中でもある意味で「特別な存在」ともいえるゼロについて解説します。

自然数よりも後に生まれた！

「0(ゼロ)」はいつどこで誕生した？

　何もないことを表す数字が「0(ゼロ)」です。

　現在では、最も私たちになじみのある数字だといっても過言ではないこの0ですが、誕生したのは、なんと自然数の誕生以降で、同じ時期ではありませんでした。

　時代はさかのぼって、6世紀。ヨーロッパでは、紀元前から発達した幾何学が数学の大部分を占めていたころ、インドではもっぱら代数学が盛んでした。というのは、インドアラビア数字（現在使われている算用数字に対応するもの）がつくられ、数の大きさを表すと同時に、記号として空位（何もないこと）を表す0が誕生していたからでしょう。

　0の誕生は、インドの数学者の功績によるもので、これにより計算は、そろばんに任せていた時代から、筆算の時代へと移行していったのです。このことによって、その後の代数学は大きく発展していくことになります。

　インドで0が誕生する前、世界各地の数字に0は見当たりません。**0をはじめて数学に取り入れたのは、インドアラビア数字**です。

　0は、はじめ「太陽」を表しているといわれ、「○（丸）」で示されました。その後「・（点）」「φ（ファイ）」を経て、今日の形になりました。0が今の形になったのは、おそらく15世紀以降のことと考えられます。意外と最近のことだと思われる方も少なくないのではないでしょうか？

　数学の歴史の中には、重大発見が数多くありますが、**0の誕生ほど、数学の発展に大きく貢献したものはないでしょう**。

次項から具体的に、0の特殊性、存在の偉大さにふれていくことにします。

■0の「先祖」たち

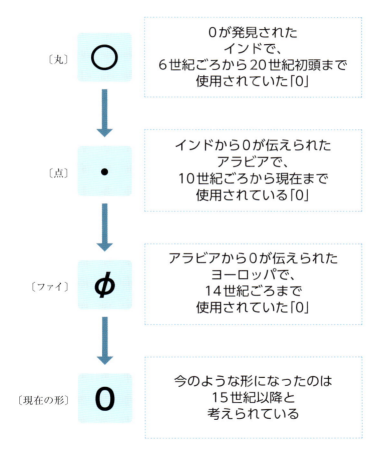

0には2つの大きな役割がある

0の存在はなぜ重要か？

整数の列はすでに第1章で見たように、

..., −3, −2, −1, 0, 1, 2, 3, ...

となっています。中心にどっしり構えているのが、他ならぬ0です。前項でも述べたように、世界各地で誕生した数字には、昔は0はありませんでした。0の発見がインドでなされたことは今や定説ですが、それがいつごろか、また誰によってなされたかは正確にはわかりません。

ところで、この0の「役割」は以下のように2つあります。

> ① 数の「大きさ」としての0
> ② 数字の空位を表す「記号」としての0

どちらも、とても大切なことです。このことによって、四則演算をはじめとする計算はもちろん、**あらゆる点で便利になったのです**。たとえば、0がないギリシャ数字だと、大きな数字を表すとき、たくさんの記号を覚える必要がありますが、0があるインドアラビア数字だと10種類の記号（0〜9）だけですみます。

その他、0は**数直線上でも重要な役割**を果たしています。0は基準点として用いられることが多いのですが、その代表が数直線だといえます。原点O（この「O」は、原点を英語で「Origin」というので、その頭文字が取られている）を1本の直線上に取り、Oより右が正、Oより左が負を表しています。

原点Oの座標は、0です。

　0を使えば、0.00001のように、どんな小さな数も、あるいは1000000のような大きな数も容易に表せます。数学における0の存在価値の大きさは、$\frac{1}{0}$（1割る0）——無限大です。

■0の存在価値

0は基準点として用いられることが多い

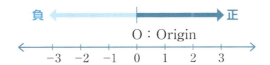

負 ← → 正

O：Origin

-3 -2 -1 0 1 2 3

大きな数、小さな数

1000000000000000000…
0.000000000000000…001

どこまでも大きな数、小さな数も簡単に表せる

0には2つの意味がある

① 　$3 - 0 = 3$,　$5 \times 0 = 0$
「0」という大きさを表す

② 　101，2053
それぞれ、十の位、百の位が
空位であることを表す

2-3 インドから世界各地へ伝播した

0はどのように広がった？

0が**インド**で誕生したことは、2-1で解説しました。インドから世界へ、0は旅立っていったのです❶。ここでは、0が日本に来るまでに、どのような旅をしてきたのかを見てみましょう。

まず0は、世界各地で貿易が盛んになった8〜9世紀ごろに、インドから**アラビア**に伝わったといわれています❷。

次に0は、アラビアから**ヨーロッパ**への旅路をたどっていったようです❸。このことについての明確な歴史的資料はないのですが、スペイン人の活躍が大きかったようです。「スペイン人がアラビアに来て、算用数字を持ち帰った」という話もありますし、十字軍の遠征の影響を受けているのかもしれません。

日本にインドアラビア数字（算用数字）が入ってきたのは、幕末から明治時代で、オランダ人によるものです❹。オランダ人は、江戸時代から日本に出入りしていたので、0の伝来は江戸時代といいたいところですが、このころは幕府の鎖国政策により、0は広まらなかったのです。

正式な伝来は幕末から明治時代ですが、すでに一部の蘭学者たちは、0の存在を知っていたに違いありません。もし知っていたとしたら、彼らは自分たちだけが0という便利な数を知っていることに優越感を覚えていたことでしょう。

0が誕生したのが6世紀ごろであることを考えると、**日本人が0と出会ったのは、長い歴史の中で見ると、つい最近のこと**のように思えるのは、筆者だけでしょうか？

次の項では0の登場で計算がどのように変化したかについて見ていくことにしましょう。

■0の「長旅」

0が日本に伝わるまで

① 6世紀ごろインドで0が誕生する

② 8〜9世紀ごろ、アラビアに招かれたインドの学者が0を伝える

③ スペイン人か十字軍が0をヨーロッパに伝える

④ 17世紀(江戸時代)、オランダ人によって0が日本に伝えられた

2-4 劇的にやりやすくなった四則演算

0の恩恵を受けた「計算」

ふしぎな数、0の登場によって、**いちばん便利になったのは四則演算**でしょう。0が発見される前の人々は、計算をするにあたり、かなりの労力を費やしていたに違いありません。0がないころの人々を哀れむような気持ちにさえなってきます。

まずは、0が入っている足し算と引き算を見てみましょう。わかりやすく、筆算を例に挙げてみます（**右ページ**も参照）。

①
```
   856
+  100
   956
```

②
```
  2264
-  800
  1464
```

計算の中に0が登場すると、計算が非常にやりやすく、簡単になります。①も②も十の位、一の位の数をそれぞれ下におろすだけです。

以上の足し算、引き算より、掛け算、割り算のほうが複雑ですが、これらも0が入ったものは割合、楽に計算を進めることができます。

③
```
    523
×    40
  20920
```

④
```
       16
125)2000
     125
     750
     750
       0
```

0は、掛けることによって、相手がどんなに大きい数でも0にします。**四則演算における0の価値のすばらしさ**がおわかりいただけたでしょうか？

■計算で便利な0

筆算に挑戦

●漢数字

```
    一万 八千 五百    一
 +  四万    千 五百 三十一
 ─────────────────────────
    六万           三十一
```

すき間があったり、「万」や「千」があると**ややこしい**

●インドアラビア数字

```
    18501
 +  41530
 ──────────
    60031
```

0を使うと、数字が整理されて**わかりやすくなる**

掛け算の筆算

●漢数字

```
             五百四十
  ×          八百  二
 ──────────────────────
         千       八十
    四十三万二千
 ──────────────────────
    四十三万三千    八十
```

●インドアラビア数字

```
       540
  ×    802
 ──────────
      1080
      4320
 ──────────
    433080
```

0の誕生で筆算が簡単になった

2-5 今日、φは空集合を表す

0と空集合は似た関係にある

0は、はじめ「太陽を表す」といわれたほど、神秘的な数でした。太陽を表す「○」で0を表し、「・(点)」、「φ」を経て、今日の縦長の楕円形になったことは2-1で解説したとおりです。

あまり見なれない記号φが出てきましたが、これは何でしょうか？ これは、ギリシャ文字で「ファイ」と読みます。ギリシャ数字だとφは500を表すのですが、前述のように、13世紀のインドアラビア数字では、φで0を示していました。

しかし今日、φは主に「空集合」を示す記号になっています。空集合とは、**1つも要素がない集合**のことです。空集合と0は無関係ではないので、以下、集合について少し説明しましょう。集合は、図を使うとわかりやすいので、**右ページ**を参照してください。**右ページ**のような図を**ベン図**といいます。記号の意味は、

> ① A⊂B→AはBの部分集合である。
> ② A∪B→AとBの少なくとも一方に属する。
> ③ A∩B→AとBの両方に属する。

このとき、「∪」を「+(たす)」と考えると、「A∪φ=A」は「$a+0=a$」に、一方「∩」を「×(かける)」と考えると、「A∩φ=φ」は「$a×0=0$」となり、確かに**空集合が0と似たような関係にある**ことがわかります。

いずれにしても、1つも要素が「ない」空集合が、集合として「ある」というのは、「ない」ことを意味する「0」という数字が「ある」ことと同じ「からくり」といえます。

■0と空集合の関係

ベン図(オイラー図)

① A⊂B (AはBに含まれる)

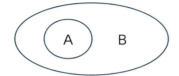

② A∪B (AとBの結び)

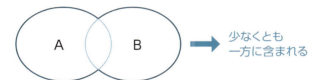

→ 少なくとも一方に含まれる

③ A∩B (AとBの交わり)

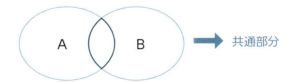

→ 共通部分

空集合φは要素を持たない集合

$A \cup \phi = A$ → $a + 0 = a$

$A \cap \phi = \phi$ → $a \times 0 = 0$

φと0は無関係ではない

2 ▶ 基準点が0だと使い勝手がよい

0と数直線と平面座標

　これまでにも何度か**数直線**は出てきましたが、この項では0と数直線の関係についてくわしく見ていきましょう。

　数直線とは、左右に無限に伸びる1本の直線上に1つの点Oをとり、これを原点としてその右にA点をとって、OとAの間の長さを1という単位にしたものです。このとき、Oより右が正、Oより左が負になっています。文章ではわかりにくくても、**右ページ**を参照すれば納得していただけるでしょう。

　この直線上のすべての点は、**実数全体**を表しています。Oの座標を0とし、O(0)と表示します。もちろん、AはA(1)と表します。数直線では、ほとんどの場合0を基準点とするので、0は欠かせません。他の数、たとえば1を基準点にすると、そこから2の距離の点は左右それぞれ3、-1となり、0の2、-2に比べて、はるかにわかりづらくなってしまいます。つまり、0からnの距離にある点は、nと$-n$になるので、他の数を基準点にするより簡単なのです。

　さらに進んで、2本の数直線を原点Oにおいて直交させたものがあります。これを**平面座標**といいます。

　単なる数直線と大きく違うところは、**線の上以外にも点をとって座標で表せること**です。また、x軸上に点をとると、そのy座標が必ず0となり、逆にy軸上だと、x座標が必ず0になります。これも**右ページ**を参照してください。

　数学では、数直線より平面座標のほうが、はるかに登場回数が多いですが、どちらも、**基準点**(この場合は(0, 0))**が0だから使い勝手がよい**のです。

■ 数値線とは？

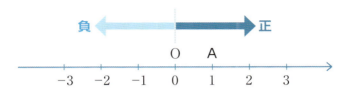

■ 平面座標とは？

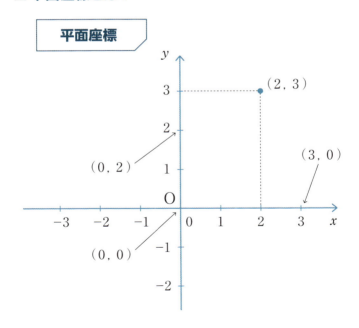

2-7 漢字を使っていたら大変すぎる
0を使えば大きな数も簡単に表せる

　0は、大きな数を表すのにとても便利な数です。日本では、一、十、百、千、万、億、兆、……という単位があります。「兆」くらいまでは、国の予算案などでもよく出てくるので、わりと一般的でしょう。そういえば、今は大成功したある実業家が若いころ「豆腐屋になるのが夢だった」という話を雑誌で読んだことがあります。そのココロは、「一丁（兆）、二丁（兆）を動かすような人間になりたい」。

　それはさておき、**兆以上の単位を皆さんはご存じでしょうか？** 兆以降は、京、垓、秭、穰、溝、澗、正、載、極、恒河沙、阿僧祇、那由他、不可思議、無量大数となります。無量大数までくると、10の68乗にもなるので、まさに文字どおりです。このように、0があるインドアラビア数字では0、1、2、3、4、…9の10個の記号ですべての整数を表記できますが、**0がない漢数字だと、ケタを増すごとに新しい記号が必要**になってきます。

　英語では、千をサウザンド（thousand）、100万をミリオン（million）、10億をビリオン（billion）、1兆をトゥリリオン（trillion）といいます。さらに10を33乗倍するとデシリオン（decillion）となり、日本での10溝にあたります。英語では、コンマの位置を見てもわかるように、3ケタ進んだところで呼び名が変わります。ところが日本では4ケタ進んだところで呼び名が変わるので、たとえば「万」を「テンサウザンド（tenthousand）」ということになります。ここに多少の違和感がある方もいるでしょう。

■ 中国生まれの大きな数

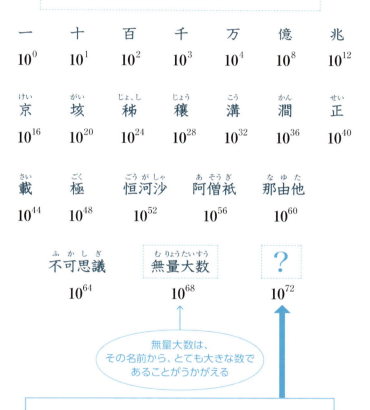

2 ▶ 0を使うか、使わないか

0は身近にあふれている

　皆さんは、身の回りにどのくらい「0を使った例」を探すことができるでしょうか？

　たとえば、「**風力0**」。これは、風がまったく吹いていないことを意味します。ちなみに、地震で「**震度0**」というのは、「まったく揺れていないこと」ではありません。体には感じませんが、地震計では感知できる程度に揺れているそうです。「**降水確率0％**」という（悩ましい）0もあります。0％でありながら、雨に降られた経験のある人は、私だけではないでしょう。これは「降水確率0％」が「降水確率5％未満」のことを正確には意味しているからです。「**0歳児**」とは、生まれてから1年未満の乳児の呼び名ですし、年末やロケット発射時の、「3、2、1、0！」という**カウントダウン**にも0は欠かせません。

　一方、0が使われないシーンも多々あります。運動会で「やった！　0等賞！」などと喜ぶ子どもは見たことがないでしょうし、「本日の会合は、当ビルの0階で行われます」という案内も聞いたことがないでしょう。しかし、日本や米国には、ビルの0階はないものの、英国には、0階に対応する「**グランドフロア**」があります。日本や米国でのビルの1階は、英国での0階に相当するのです。

　年号で「平成元年」は、イコール「平成1年」なのであって、「平成0年」はありません。月日においても、1年のはじまりは「0月0日」ではなく、「1月1日」です。

　何をもって0を使うか使わないか、の基準が設定されているのかを調べると、おもしろい発見があるかもしれません。

■ 身の回りの0

高速道路にある「吹き流し」

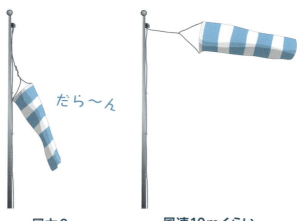

風力0　　　　　　風速10mくらい

天気予報

本日の降水確率は0％

Column 2

「新世紀」のはじまりは ちょっと半端?

　皆さんは、新しい世紀が1901年、2001年、……ではじまることに疑問を抱いたことはないでしょうか?

　新世紀のはじまりは、1900年、2000年、……としたほうがキリがいいはずなのに、実際は西暦の下1桁が「1」の年が採用されています。

　その理由は、紀元後が「**西暦1年**」からはじまっているからです。当時は「0」の概念そのものがなかったため、**必然的に1年からはじめざるを得なかったのです。**

　もし、「西暦0年」からはじまっていたとしたら、2000年はすでに21世紀ということになるし、1600年の天下分け目の戦い、関が原の合戦も16世紀ではなく、17世紀に起こった出来事となります。

　世紀のキリの悪さは、人がなかなか0を発見できなかったことの「後遺症」ともいえるのです。

第 **3** 章

ふしぎな性質や予想がたくさんある「素数」

この章では、**素数**について解説します。素数は「**2以上の整数で、約数が1とその数自身だけの数**」のことです。具体的には、2，3，5，7，11のような数です。簡単に定義される素数ですが、実は不思議な性質や予想がいろいろあるので、その一部を紹介します。素数の魅力のとりこになること請け合いです。

3▶1 現代の暗号化技術に欠かせない
素数は「最も重要」な数？

インターネットの普及とともに、その安全性を確保する必要性が生じています。それが暗号化技術です。安全性が確保されなければ、インターネット通販をすることもままならず、ネット銀行やネット証券なども、到底、安心して利用できないでしょう。

暗号化技術において、実はこの章の主役である**素数**が活躍していることをご存じでしょうか？ その理由を説明していきましょう。

素数は「**1およびその数自身の他に約数を持たない2以上の整数**」でした。この世に存在するすべての物質が原子によって構成されているように、すべての自然数は、割り切れる最小の素数で次々に割っていくと、いくつかの素数の積として1通りに決まります。この作業を**素因数分解**といいます。しかし、非常に大きな数の素因数分解は、そう簡単ではありません。

そして、その分解の仕方は1通りに決まるので、それを「1つの暗号情報」と考えることができるのです。話を簡単にするために、数字の「30」で考えてみましょう。この場合、「$30 = 2 \times 3 \times 5$」と1通りに素因数分解されます。そして、素数「2」を「H」に、素数「3」を「I」に、そして素数「5」を「！」にそれぞれ対応させれば、「30」という数字は「HI！」となります。実際の暗号化技術は、もっと複雑で多様な仕組みですが、このような考え方が基本の1つとなっています。

ところで、素数はいくつあるのでしょうか？ 正解は「**自然数と同じように無限にある**」です。このことは、今からはるか昔の約2300年前にユークリッド（紀元前330？～同275？年）が『原論』という本の中で示しました。次項で、その証明を紹介しましょう。

■ 素因数分解とは？

> 素因数分解とは、数を素数という「原子」に
> 分解していく作業である

● 30の分解

```
2 ) 30
3 ) 15
    5
```
$30 = 2 \times 3 \times 5$

● 48の分解

```
2 ) 48
2 ) 24
2 ) 12
2 )  6
     3
```
$48 = 2^4 \times 3$

30を構成する「原子」

48を構成する「原子」

■『原論』は『原本』『幾何原本』ともいわれる

『原論』13巻

ユークリッドは、ギリシャ時代までに得られた多くの人の数学的成果を集大成し、1つの論理的体系として『原論』にまとめた。内容は幾何学だけでなく、数についても扱っている

ユークリッドが約2300年前に証明した
素数は無限にある

　自然数は、限りなく続きます。では、素数の場合はどうでしょうか？　結論からいうと「**素数は無限**」にあります。しかし「1とその数自身以外に約数がない」という限定された条件を満たす素数が無限にあるとは、にわかには信じがたいでしょう。そこで、ユークリッドの『原論』に載っている「素数が無限にある」ことの**証明**を紹介します。ちなみに、他にもさまざまな証明が存在します。

　この証明は**背理法**を用います。つまり、まず「素数が有限個しかない」と仮定し、そこに矛盾を見つけ、仮定を否定することで、「素数は無限にある」ことをいう方法です。背理法は「$\sqrt{2}$ が無理数である」の証明にも用いられます。

　はじめに、上述のとおり「素数が有限個しかない」と仮定します。素数は有限個と仮定すると、最大となる素数が存在するはずです。それをPとしましょう。さらに、「Q＝2×3×4×…×P＋1」とします。もし、Qが素数ならば、QはPよりも大きい素数となり、Pが最大の素数であることに矛盾します。

　一方、Qが素数でないなら、少なくとも1でもQでもない素数で割り切れなければいけません。しかし、Qは2からPまでのどの整数で割っても1余り、割り切れないので矛盾します。

　いずれにしても、矛盾が生じるので、仮定の「素数は有限個しかない」は否定され、「**素数は無限にある**」という結論が得られるのです。

　さて、素数でない数は**合成数**と呼ばれます（ただし、1は合成数でも、また素数でもないとします）。従って、2以上の自然数は、素数か合成数のいずれかということになります。

■最大の素数は「ない」

素数が無限にあることを、「背理法」で証明してみよう

〈仮定〉 素数は有限個しかなく、最大の素数が存在する。まず、Pを最大の素数とする

↓

$Q = 2 \times 3 \times 4 \times \cdots \times P + 1$　という数について考える

Qが素数ならば

Q>Pとなり、Pが「最大」の素数であることと矛盾する

Qが素数でないならば

1<R<Qの素数Rで、Qは割り切れるはず。しかし、2からPまでのどの整数でも割り切れないので矛盾する

↓

いずれにせよ矛盾する

↓

素数は無限にある

現れ方に法則はあるのか？

素数はどのように分布している？

　前項で素数が無限に存在することがわかりました。では、その素数は**自然数の中にどのように分布**しているのでしょうか？たとえば、証明はかなり難しいのですが、1848年にチェビシェフにより、「$x>1$としたとき、xと$2x$の間には必ず素数が存在する」という結果が得られています。実際、$x=100$とすると、100と200の間には約20個の素数が存在します。チェビシェフの結果は非常に雑なような気もしますが、このような一般的な結果を示すのは、とても難しい場合が多いのです。

　さて、素数の分布を調べるには、「**ある一定の区間内に、どれだけの素数があるか？**」を数えあげるのが、自然な1つのアプローチでしょう。

　実際に調べてみると、1から1000までの間に、素数は168個存在します。この数を求める方法については、3-5で紹介します。さて、これを100まで、200まで……というように、100ごとに細かく区切って個数を見てみると、順に「1〜100には25個」「101〜200には21個」、以下、16個、16個、17個、14個、16個、14個、15個、14個となります。

　ちょっと話が難しくなるのですが、一般に自然数x以下の素数の個数を$\pi(x)$とすると、次のことが知られています。まず、素数は無限個存在することが3-2で示されているので、xを無限大にすると、$\pi(x)$も無限大になります。ところが驚くべきことに、**$\pi(x)$はxが大きくなると、$\dfrac{x}{\log x}$と同じくらいの大きさになる**ことが、アドリアン=マリ・ルジャンドル（1752〜1833年）やカール・フリードリヒ・ガウス（1777〜1855年）によって予想され、

1896年、2人の数学者によって別々に証明されました。$\log x$については第8章でくわしく解説します。この定理は素数の中でも最も重要な結果の1つなので、**素数定理**と呼ばれています。

■ 素数の分布

値の小さな素数の分布

● 一定区間内で数えてみる

はじめは多いが、だんだん少なくなっていく傾向がある。しかし、増えるところもあるので、簡単には説明できない

値の大きな素数の分布

● 素数定理:x以下の素数の個数は約 $\dfrac{x}{\log x}$

x	素数の個数 $\pi(x)$	$\dfrac{x}{\log x}$	誤差(%)
$10^2 (=100)$	25	22	12.00
10^3	168	145	13.69
10^4	1229	1086	11.64
10^5	9592	8686	9.45
10^6	78498	72382	7.79
10^7	664579	620421	6.64
10^8	5761455	5428681	5.78
10^9	50847534	48254942	5.10

誤差は、10^9という大きな数になってもまだ5%以上あるが、xを大きくするほど減っているのがわかる

logについては第8章を参照

「双子素数」とは何か？

「素数のペア」も無限にあるのか？

3-3では、自然数をある区間で区切って素数の分布を見ましたが、今度は**すぐ隣にある素数の組**に注目してみましょう。

素数の中には、**双子素数**という名の、素数の「対」というか「組」があります。これは、3と5、5と7のように、その差が2である素数の組のことなので、このネーミングにも納得がいくのではないでしょうか？

この双子素数は、「素数のように無限にある」という予想はあるものの、その証明は誰もできていません。この予想が正しければ、どんなに大きな数を見ていっても、数直線上ですぐ隣に素数が並ぶことがあるということになります。大きな素数を探すには大変な労力がかかることを考えるとふしぎな気がします。このように見ても、**素数の分布の規則性を記述するのは難しそうです。**

ここで、100以下の双子素数の組を紹介しましょう。

(3, 5)　　(5, 7)　　(11, 13)　　(17, 19)
(29, 31)　(41, 43)　(59, 61)　　(71, 73)

このように、**100以下には8組存在**しています。また、現在知られているいちばん大きな双子素数は388,342桁にも及びます。

それでは、その差が2である素数の3つの組、いわば**三つ子素数**の組はいくつあるでしょう？　実は三つ子素数は(3, 5, 7)の1組しか存在しません。さらに、「9」は素数ではないので、(3, 5, 7, 9)という**四つ子素数**（もっと一般にnが4以上のn子素数）は存在しないことがわかります（**右ページ参照**）。

■ 三つ子素数を探す

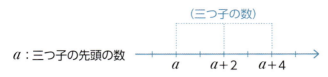

a：三つ子の先頭の数

$a=3k$ のとき (3で割り切れる)	$3k$	$3k+2$	$3k+4$
$a=3k+1$ のとき (3で割って余り1)	$3k+1$	$3k+3$	$3k+5$
$a=3k+2$ のとき (3で割って余り2)	$3k+2$	$3k+4$	$3k+6$

どれか1つは必ず3の倍数になる

3の倍数： ③, 6, 9, 12, 15, …
　　　　　素数　　合成数

3の倍数のうち素数なのは「3」だけ

三つ子素数は「3，5，7」の1組だけ

3 ▶ 素数を見つける簡単な方法
5 エラトステネスの素数のふるい

　さてこの項では、**素数を求める具体的な方法**について紹介しましょう。

　素数を求める最も簡単な方法を見つけたのは、恐らく古代ギリシャの数学者エラトステネス（紀元前275～同194年）です。彼が考え出した方法は、**エラトステネスの素数のふるい**といわれています。以下、エラトステネスの素数のふるいとはどういうものなのかを解説していきましょう。

　はじめに、2からはじまる自然数を書きます。続いて「2」を残して、4、6、8のように、2つめごとに斜線を引いて消します。これで、2以外の正の偶数はすべて消えます。

　消されていない次の数である「3」は素数ですから、3を残して、3から6、9、12のように、3つめごとに消していきます。つまり、3以外の3の倍数は全部消えます。もちろん、3の倍数でも、6や12などの偶数はすでに消えていることはいうまでもありません。

　消されていない次の数は「5」です。5も素数です。次に、同様に5を残して、5から5つめごとに消していきます。つまり、最初の5を除いて、一の位が0と5の数はすべて消えます。次に、消されていないのは「7」です。7も素数ですから、7を残して、7から7つめごとに消していきます。

　このようにして数を「ふるい」にかけて、**次々と素数を見つけていくのが、エラトステネスの素数のふるい**です。これは、素数を見つけるのに単純で堅実な方法ですが、**大きな素数を見つけるのには骨が折れる**のが欠点です。

■ エラトステネスの素数のふるい

(1) 2を残し、2から2つめごとに消す。
正の偶数がすべて消える

  2 3 ~~4~~ 5 ~~6~~ 7 ~~8~~ 9 ~~10~~ ...

(2) 3を残し、3から3つめごとに消す。
3の倍数がすべて消える

  2 3 ~~4~~ 5 ~~6~~ 7 ~~8~~ ~~9~~ ~~10~~ 11 ~~12~~ ...

(3) 5を残し、5から5つめごとに消す。
一の位が0と5の数がすべて消える

  2 3 ~~4~~ 5 ~~6~~ 7 ~~8~~ ~~9~~ ~~10~~ 11 ~~12~~ 13
  ~~14~~ ~~15~~ ~~16~~ 17 ~~18~~ 19 ~~20~~ ...

(4) 7を残し、7から7つめごとに消す

  2 3 ~~4~~ 5 ~~6~~ 7 ~~8~~ ~~9~~ ~~10~~ 11 ~~12~~ 13
  ~~14~~ ~~15~~ ~~16~~ 17 ~~18~~ 19 ~~20~~ ~~21~~ ...

> この作業を続けると、次々に素数が得られる

なぜ簡単に素数を判別できないのか?

「素数を生成する公式」はない

　エラトステネスの素数のふるいは確実ですが、骨が折れます。もっと簡単に素数を求める公式はないものでしょうか? この問題は、**何世紀にもわたって考えられてきましたが、失敗の連続**でした。

　有名な例を以下に挙げましょう。

$\quad n^2 - n + 41$

　この公式は、$n = 1, 2, 3, \ldots, 40$までは素数を求められますが、残念ながら$n = 41$では、

$\quad 41^2 - 41 + 41 = 41^2$

となり、これは素数ではありません。同じように、

$\quad n^2 - 5n + 79$

も、やはり$n = 79$のとき、素数ではありません。

　これらの式の「からくり」について解説しましょう。一般に、以下の形をした多項式を考えます(ただし、zは1および-1ではありません)。

$\quad a \times n^N + b \times n^{N-1} + \ \cdots \ + y \times n + z$

　$n = z$と置くと、各項はzで割り切れるので、これらの項の和である多項式も、zで割り切れ、素数を与えなくなります。従って、このような多項式の場合は、$a, b, c, d, \ldots$ に、どのような整数を選ぼうとも、またどれだけたくさんの項を並べて

も、$n = z$ のとき素数を生成しません。また、細かいことをいえば、z が 1 か -1 のときは、1 が素数ではないので、この考え方は使えません。

■ 素数を求める簡単な公式はない

> 例1　$n^2 - n + 41$

$n = 40$ までは素数を与えるが、$n = 41$ で合成数になる。

n	1	2	3	4	5	6	7	8	9	10
	41	43	47	53	61	71	83	97	113	131
n	11	12	13	14	15	16	17	18	19	20
	151	173	197	223	251	281	313	347	383	421
n	21	22	23	24	25	26	27	28	29	30
	461	503	547	593	641	691	743	797	853	911
n	31	32	33	34	35	36	37	38	39	40
	971	1033	1097	1163	1231	1301	1373	1447	1523	1601

> 例2　$n^2 + n + 41$

これも $n = 40$ までは素数を与えるが、
$n = 41$ を代入すると、

$$41^2 + 41 + 41 = 41 \times 43$$

と合成数になってしまう。

> 素数は奥が深い

3-7 いくつかの素数を共通の式で表せる

「メルセンヌ数」とは何か?

簡単に素数を生成する公式は発見されていませんが、**素数のいくつかが共通の式で表されるもの**は見つかっています。その代表が**メルセンヌ数**です。

数学者マラン・メルセンヌ(1588〜1647年)は、

$M_p = 2^p - 1$(pは自然数)

の形をした数、つまりメルセンヌ数に関心を持っていました。特に、彼は「**pが素数のとき、M_pは素数である**」と考えました。ちなみに、$p = 11$までを挙げると、

$M_2 = 2^2 - 1 = 4 - 1 = 3$ (素数)
$M_3 = 2^3 - 1 = 8 - 1 = 7$ (素数)
$M_5 = 2^5 - 1 = 32 - 1 = 31$ (素数)
$M_7 = 2^7 - 1 = 128 - 1 = 127$ (素数)
$M_{11} = 2^{11} - 1 = 2048 - 1 = 2047$

となります。ところが、$M_{11} = 2047$は素数ではなく「23×89」の合成数であることが判明し、「$M_p = 2^p - 1$(pは素数)」は**完璧な素数生成公式ではない**ことがわかりました。従って、メルセンヌ数の中で素数のものは、特に**メルセンヌ素数**と呼ばれます。さらにメルセンヌは、1644年に、

$M_{67} = 2^{67} - 1$

は素数と主張しました。これに異議を唱えるものは、その後250年以上も現れなかったので「神秘的予想」だといわれていまし

たが、1903年、コロンビア大学のフランク・ネルソン・コール（1861〜1926年）が米国数学会の会合で、

$$2^{67} - 1 = 147573952589676412927$$
$$= 193707721 \times 761838257287$$

と黒板に書いたといいます。**神秘的予想が打ち砕かれた瞬間**でした。

■ メルセンヌ数の表

メルセンヌは、

p が素数のとき、$2^p - 1$ は素数である　と考えた

p	$2^p - 1$	p	$2^p - 1$
1	1	11	$2047 = 23 \cdot 89$
2	3	12	$4095 = 3^2 \cdot 5 \cdot 7 \cdot 13$
3	7	13	8191
4	$15 = 3 \cdot 5$	14	$16383 = 3 \cdot 43 \cdot 127$
5	31	15	$32767 = 7 \cdot 31 \cdot 151$
6	$63 = 3^2 \cdot 7$	16	$65535 = 3 \cdot 5 \cdot 19 \cdot 257$
7	127	17	131071
8	$255 = 3 \cdot 5 \cdot 7$	18	$262143 = 3^2 \cdot 7 \cdot 19 \cdot 73$
9	$511 = 7 \cdot 73$	19	524287
10	$1023 = 3 \cdot 11 \cdot 31$	20	$1048575 = 3 \cdot 5^2 \cdot 11 \cdot 31 \cdot 41$

11は素数だが、$2^{11} - 1$は合成数になってしまう。
$2^p - 1$（p：素数）は、完全な素数生成公式ではない

3 ▶ まだこの謎は解かれていない

8 メルセンヌ素数は無限にあるか?

3-7で登場したメルセンヌは1644年に、257以下のpに対して、2^p-1の形の素数は11個しか存在しないことを主張し、数学者の注目を集めました。実際、彼は以下の11個の素数pに対して、2^p-1は素数になることを主張しましたが、証明はしませんでした。

p = 2, 3, 5, 7, 13, 17, 19, 31, 67, 127, 257

たとえば、$p=257$の場合は78桁の数になるので、まだコンピュータがない時代に、素数であるかどうかを判定するのは非常に難しかったはずです。

さて、2^p-1の形は、古くは**完全数**(4-3でくわしく解説)との関係で、ユークリッドの時代にも現れています。メルセンヌに先立って、$p=19$までの7個のメルセンヌ素数がすでに知られていました。

そして1772年、メルセンヌの予言どおり、$2^{31}-1$が素数であることが、数学者のレオンハルト・オイラー(1707〜1783年)によって証明されました。これは、当時知られていた素数の中で最大のものです。1876年には、フランスの数学者リュカが、**$2^{127}-1$が素数**であることを示しました。

その後、127までの素数pを調べると、以下の12個がメルセンヌ素数と判明し、リュカの素数は12番目のメルセンヌ素数となりました。

p = 2, 3, 5, 7, 13, 17, 19, 31, 61, 89, 107, 127

さらに1952年、$p=521$ の13番目のメルセンヌ素数が発見されました。これらのことにより、**メルセンヌの予想は、$p=67$ と $p=257$ の場合には正しくなかったことが示された**ことになります。

ところで、メルセンヌ素数が無限に存在するかどうかは不明ですが、現在知られている最大のメルセンヌ素数は $p=77232917$ です。2017年12月26日に発見されました（**次項**参照）。

■ メルセンヌ素数の探索

> 生成公式がないので、素数を探すのは大変である

素数	発見者	桁数	発見年
$2^{31}-1$	オイラー	10	1772
⋮	⋮	⋮	⋮
$2^{127}-1$	リュカ	39	1876
$2^{521}-1$	ロビンソン	157	1952
$2^{607}-1$	ロビンソン	183	1952
$2^{1279}-1$	ロビンソン	386	1952
$2^{2203}-1$	ロビンソン	664	1952
$2^{2281}-1$	ロビンソン	687	1952
⋮	⋮	⋮	⋮
$2^{1257787}-1$	ゲイジ	378632	1996
$2^{1398269}-1$	GIMPS※	420921	1996
$2^{2976221}-1$	GIMPS	895932	1997
$2^{3021377}-1$	GIMPS	909526	1998
$2^{6972593}-1$	GIMPS	2098960	1999

※GIMPSについては次項参照。

「GIMPS」とは？

素数を心から愛する人たち

3-8で解説した2^p-1の形の数は、大きな素数を見つけ出すのに非常に有効です。このような「2^p-1の形の数が素数かどうか」を判定して、大きな素数を探している集団がGIMPS（The Great Internet Mersenne Prime Search）です。

この探索集団はいわば「素数マニア」のようなもので、1996年、米国フロリダ州のジョージ・ウォルトマンによって結成されました。1990年代に入り、高速に計算できるスーパーコンピュータを使って、いくつかの数がメルセンヌ数であることがわかりました。しかし当時、スーパーコンピュータは人々が簡単に利用できるものではありませんでした。

そこでウォルトマンは、「インターネット上で力を合わせれば、普通のパソコンしか持っていない人でも新しいメルセンヌ数が発見できるだろう」と考え、GIMPSを結成したのです。

そして、GIMPSが結成された1996年の11月13日、メンバーの1人であるフランスのジョエル・アーメンガードが、35番目のメルセンヌ素数を発見しました。その後、36番目は英国のゴードン・スペンス（1997年8月24日）、37番目は米国のローランド・クラークソン（1998年1月27日）、38番目は米国のナヤン・ハジラツワラ（1999年6月1日）によって、それぞれ発見されています。本書執筆時点では**50番目のメルセンヌ素数**が、ジョン・ペースによって発見されています（2017年12月26日）。

現在でも、GIMPSに参加する人たちの探索は続いています。まるで、毎晩天空を見ながら、新しい彗星を発見する人たちのようにも思えます。

■ GIMPSの活動

GIMPS(The Great Internet Mersenne Prime Search)は、インターネットを通じて大きなメルセンヌ素数を探している集団

$$\text{メルセンヌ素数} = 2^p - 1 \text{型の素数（}p\text{は素数）}$$

ここ最近のGIMPSの活躍を見てみよう。

発見年月日	発見者	メルセンヌ素数
2009年6月4日	GIMPS/ Odd M. Strindmo	$2^{42643801} - 1$
2008年8月23日	GIMPS/ Edson Smith	$2^{43112609} - 1$
2013年1月25日	GIMPS/ Curtis Cooper	$2^{57885161} - 1$
2016年1月7日	GIMPS/ Curtis Cooper	$2^{74207281} - 1$
2017年12月26日	GIMPS/ Jon Pace	$2^{77232917} - 1$

メルセンヌ素数、GIMPSの最新情報は、以下を参照

GIMPS https://www.mersenne.org

3 ▶ 素数生成公式どころか合成数生成公式だった

10 「フェルマー数」とは何か？

メルセンヌ数以外にも、素数のいくつかを共通の式で表せるものがあります。**フェルマー数**もその1つです（後で見るようにあまりよい式ではありませんが……）。フランスの数学者、ピエール・ド・フェルマー（1601～1665年）は、n を 1, 2, 3, ... と置くとき、

$$F_n = 2^{2^n} + 1$$

は、素数のみを表すであろうと予想しました。これがフェルマー数です。$n = 5$ までのフェルマー数を**右ページ**に示しています。

しかし、このフェルマーの予想の約100年後、前出のオイラーは、「第5のフェルマー数は『641』で割り切れ、素数ではない」ことを示しました。従って、この予想は間違っていたのです。上述したフェルマーの式も、**完璧な素数生成公式ではなかった**のです。

しかも、最近のコンピュータ時代の到来とともに、多くの大きなフェルマー数が素数かどうか判定されるようになると、この「公式」は、素数生成公式どころか、むしろその逆で、**判定したフェルマー数の中で F_4 より大きなものは、すべて合成数だった**のです。

今日、このフェルマーの予想は、「$n = 4$ より大きいフェルマー数はすべて合成数である」という、悲しいかな「合成数生成公式（？）」であることを証明するものに変わってしまったのです。最新鋭のコンピュータの力をもってしても、無限のすべて

の場合をチェックすることはできないので、やはり**最後は数学的に証明せざるを得ない**のです。

■ フェルマー数の悲劇

$$\text{フェルマー数 } F_n = 2^{2^n} + 1 \ (n = 1, 2, 3, \ldots)$$

$n = 1$ のとき　$F_1 = 2^2 + 1 = 5$ ……………（素数）

$n = 2$ のとき　$F_2 = 2^{2^2} + 1 = 17$ ……………（素数）

$n = 3$ のとき　$F_3 = 2^{2^3} + 1 = 257$ ……………（素数）

$n = 4$ のとき　$F_4 = 2^{2^4} + 1 = 65537$ ……………（素数）

$n = 5$ のとき　$F_5 = 2^{2^5} + 1 = 2^{32} + 1$
　　　　　　　　　　$= 4294967297$
　　　　　　　　　　$= 641 \times 6700417$ ……………（合成数）

$n = 6$ 以降、求められた F_n はすべて合成数なので、フェルマーの予想は、

$$\text{すべての } n \geq 1 \text{ に対して } F_n \text{ が素数}$$

ではなく

$$\text{すべての } n > 4 \text{ に対して } F_n \text{ は合成数}$$

皮肉なことに、フェルマーの意図とはまったく逆になった

3 ▶ 11

今のところ正しいと考えられている

「ゴルドバッハの予想」とは?

第3章を読み進めてきた方にはおわかりかと思いますが、素数については**未解決の問題が山積み**です。この項では、数学者のクリスティアン・ゴルドバッハ(1690〜1764年)によって与えられた興味深い問題を紹介しましょう。それは**ゴルドバッハの予想**といわれ、「**4より大きいすべての偶数は、奇数である2つの素数の和として表される**」という予想です。

はじめてこの予想を聞いた方は、「そんな馬鹿な……」と思うかもしれませんね。実際に、4より大きいいくつかの偶数をチェックしてみましょう(ゴルドバッハ分解)。

$6 = 3 + 3, \ 8 = 3 + 5, \ 10 = 3 + 7, \ 12 = 5 + 7, \ 14 = 3 + 11, \ 16 = 3 + 13$

確かに、成り立っているように見えます。しかし、この予想問題は非常に手ごわく、**現在の数学では証明されていません**。

さて、右辺の和の表現は、もちろん1通りではない場合もあります。上の例の場合、14や16などの偶数については、以下のように、他にも何通りかの表現が可能です。

$14 = 3 + 11 = 7 + 7, \ 16 = 3 + 13 = 5 + 11$

実際、偶数の値が大きくなるに従って、2つの奇数の素数による異なる表現の個数は一般に多くなります。しかし、おもしろい例として、「48」はそれほど大きくない数であるにもかかわらず、以下のように5通りもの表現があります。

$48 = 5 + 43 = 7 + 41 = 11 + 37 = 17 + 31 = 19 + 29$

コンピュータにより、かなり大きな数までこの予想の正当性がチェックされていますが、まだ例外は発見されていません。

■ゴルドバッハの予想

> 4より大きいすべての偶数は、
> 奇数である2つの素数の和として表される

● ゴルドバッハ分解（一例）

偶数	ゴルドバッハ分解	偶数	ゴルドバッハ分解
18	5 + 13	30	13 + 17
20	7 + 13	32	13 + 19
22	11 + 11	34	11 + 23
24	7 + 17	36	7 + 29
26	13 + 13	38	19 + 19
28	11 + 17	40	17 + 23

> この予想は、かなり大きな数まで、上のように実際に分解してみて正当性が確認されているが、無限個ある偶数を確認することはコンピュータでも不可能である

今のところ、
実際に分解してみるしかなく、
まだ証明されていないので、
「**定理**」ではなく「**予想**」となっている

3 ▶ 回文素数、エマープ、素な素数

12 ちょっと変わった素数たち

　これまで解説してきたように、素数は大変ふしぎな数です。この項では視点を変えて、**おもしろい特徴のある素数**を紹介しましょう。

　1つ目は、**回文素数**です。これは、回文の「トマト」や「たけやぶやけた」のように、**左から見ても、右から見ても同じ数である素数**のことです。151や727が挙げられます。

　2つ目は、**エマープ**です。これは、**桁数字を逆に並べても素数になる素数の組**のことです。ちなみにエマープのスペルは「emirp」で、素数（prime number）の「prime」の逆になっています。たとえば、

　　(13, 31)、(17, 71)、(37, 73)、(79, 97)

などが挙げられます。2桁のエマープは、上述の4組が存在し、3桁のそれは13組、4桁のそれは102組と、エマープの個数は桁数が多くなるに従い増加しているようです。

　最後に、「73939133」という素数を見てみましょう。この素数は、非常におもしろい性質をもっています。73939133は、**右側から順に次々と桁数字を落としていっても、残る数はすべて素数**なのです。実際にやってみましょう。

　　73939133, 7393913, 739391, 73939, 7393, 739, 73, 7

　このような数は、**素な素数**と呼ばれます。素な素数がつくる特別な数列のうちの最大のもの（上の例では73939133）は、これらの数の**生成数**といわれます（**右ページ参照**）。

ふしぎな素数の中に、このようなさらにふしぎな特徴をもった素数があるのは、実に興味深いことです。

■「素な素数」の生成数は27個しかない

① 53	⑧ 7331	⑮ 373393	㉒ 7393933
② 317	⑨ 23333	⑯ 593993	㉓ 23399339
③ 599	⑩ 23339	⑰ 719333	㉔ 29399999
④ 797	⑪ 31193	⑱ 739397	㉕ 37337999
⑤ 2393	⑫ 31379	⑲ 739399	㉖ 59393339
⑥ 3793	⑬ 37397	⑳ 2399333	㉗ 73939133
⑦ 3797	⑭ 73331	㉑ 7393931	

73939133以上の「素な素数」は存在しない

ちなみに、右端からではなく左端から桁数字を落としていったときの最大の素な素数は、「**357686312646216567629137**」である

Column 3

「1だけが並んだ」素数は少ない！

　11や111のように「1」だけが並んだ数で素数になる数を探してみましょう。1が2つ並ぶ「11」はもちろん素数です。次の「111」は3×37と素因数分解できるので、素数ではありません。その次の1111も11×101と素因数分解できるので、素数ではありません。同様に11111も41×271となり、これも素数ではありません。

　では、「1だけが並んだ」数で、11の次に小さな素数はいくつでしょうか？　電卓で計算しはじめた方は、残念ながらやめたほうが賢明です。なぜなら、**次の素数は1が19個も並ぶ数だから**です。さらに驚くべきことに、1を1000個並べた数まで調べても、素数になるものは、1が2個並ぶ11、19個並ぶ数を除くと、23個並ぶ数と317個並ぶ数の2つしかないことがわかっています。

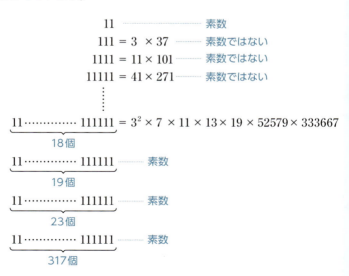

第 4 章
「約数」から見た いろいろな数

この章は、前の章の素数に引き続き、その他の いろいろな数を紹介します。まさに、**数のお祭 り**のような章です。具体的には、**完全数**、**不足 数**、**過剰数**、**友愛数**、**社交数**、そして名前のと おりふしぎな性質を持つ**不思議数**についても解 説します。

「約数の和」がその数よりも小さい数

「不足数」とは何か?

　第3章では、素数についてくわしく見てきました。素数とは、約数を「1」と「その数自身」しか持たない数でした。第4章ではこの約数を、もっとたくさん持つ数について見ていくことにしましょう。

　まずはじめに**不足数**です。

　不足数は、**その数自身を除いた約数をすべて足しても、その数より値が小さい(不足している)数**のことです。たとえば、**右ページ**のように1から12まで調べてみると、6と12以外は全部不足数です。実は**大部分の数は不足数**に属しています。以下、その数自身を除いた約数をすべて足したものを、単に**約数の和**ということにします。

　右ページを見てもわかるように、素数は全部、和が「1」になります。つまり、「**素数はすべて不足数**」というわけです。従って、どんなにその値が大きくても、素数はすべて不足数となります。

　そして、素数は無限に存在するので、不足数も同様に無限に存在することになります。

　さてここで、もう少し**右ページ**の図を注意深く見てみましょう。「6」は、約数の和が、その数「6」と同じ値になっています。さらに「12」は、約数の和が「12」より大きい「16」になっていますね。

　このように、約数の和がもとの数に一致している数や、約数の和が過剰になっている数は、何というのでしょうか? これらについては、次項以降で見ていくことにしましょう。

■「不足」している数は多い

● 不足数の例（1〜12）

数	約数の和	特徴
1	0	1自身は除くので→不足数
2	1	素数→不足数
3	1	素数→不足数
4	1 + 2 = 3	不足数
5	1	素数→不足数
6	1 + 2 + 3 = 6	もとの数に一致
7	1	素数→不足数
8	1 + 2 + 4 = 7	不足数
9	1 + 3 = 4	不足数
10	1 + 2 + 5 = 8	不足数
11	1	素数→不足数
12	1 + 2 + 3 + 4 + 6 = 16	もとの数より多い

素数は約数の和が「1」なので不足数である

素数が無限個存在するのだから、
不足数も無限個存在することになる

「過剰数」とは何か?

「"約数の和"がその数よりも大きい数」

「12」は「1 + 2 + 3 + 4 + 6 = 16」なので、約数の和がそれ自身より大きくなります。このような数は、不足数とは逆に**過剰数**と呼ばれます。

12に続く過剰数は、「18, 20, 24, 30, 36, ...」です。

右ページをご覧いただくとわかるように、確かに過剰数になっています。

過剰数は12, 18, 20, ...と、不足数ほどではありませんが、わりにたくさんあります。実際、100までの中には21個の過剰数が存在します。そして、それらはすべて**偶数**です。となると、「すべての過剰数は偶数なのか?」と思ってしまいます。

これに対する答えは「NO」です。奇数の過剰数も存在し、最小のものは「945」です。945の約数の和は「975」なので、わずかに過剰なのです。

奇数の過剰数は、比較的珍しいのですが、いくらでも大きなものが存在します。なぜならば、「**過剰数の倍数はすべて過剰数**」という法則があるからです。従って、945に奇数を掛ければ、いつも奇数の過剰数になります。次の奇数の過剰数は、

945 × 3 = 2835

です。

もちろん奇数は無限に存在するので、**奇数の過剰数も限りなく存在**します。同様に、偶数の過剰数に偶数を掛けても偶数の過剰数になるので、偶数の過剰数も無限に存在するということになります。

■ 過剰数の倍数は過剰数

過剰数の例

約数の和

$18 \longrightarrow 1 + 2 + 3 + 6 + 9 = 21 \, (>18)$
$20 \longrightarrow 1 + 2 + 4 + 5 + 10 = 22 \, (>20)$
$24 \longrightarrow 1 + 2 + 3 + 4 + 6 + 8 + 12 = 36 \, (>24)$

奇数の過剰数 ▶ **945が最小**

945の約数の和
$= 1 + 3 + 5 + 7 + 9 + 15 + 21 + 27 + 35 + 45 + 63 + 105$
$+ 135 + 189 + 315 = 975 \, (>945)$

過剰数の倍数

〈例〉
過剰数「12」の3倍の「36」を考える。

12 　　　 $1 + 2 + 3 + 4 + 6 = 16 \, (>12)$
↓×3　　　↓×3　↓×3　↓×3 ↓×3 ↓×3 ↓×3
36 　　　 $1 + 2 + 3 + 4 + 6 + 9 + 12 + 18 = 55 \, (>36)$

「12の約数の3倍はすべて36の約数に含まれる」

36も過剰数

一般に過剰数の倍数は過剰数となる

4▶3 約数の和と一致する珍しい数
「完全数」とは何か？

ここまでは、約数の和がその数に足りない不足数と、その数より大きくなる過剰数について解説してきました。次に、約数の和がその数とぴったり同じになる**完全数**を紹介しましょう。

完全数は、不足数や過剰数と比べると、**極めてまれにしか存在しません**。完全数のはじめのいくつかを挙げると、

　　6, 28, 496, 8128, 33550336, ...

です。数どうしの間隔はどんどん広がってしまうので、完全数を見つけるのは大変な作業です。5つ目の完全数、8128の次の33550336が発見されるのに、約1700年かかった、というのも、うなずけます。

古代ギリシャ人は、33550336が発見される前に、「4つの完全数（6, 28, 496, 8128）はすべて偶数だが、奇数の完全数はないのだろうか？」と疑問に思っていました。現在までに、50個の完全数が知られていますが、これらはすべて偶数です。古代ギリシャ人の「奇数の完全数はあるか」という疑問は、**現在の私たちに課せられた問題**でもあります。

なお、新たなメルセンヌ素数$2^p - 1$（3-7参照）が発見されるたびに、その数に2^{p-1}を掛けることで、新たな偶数の完全数がつくり出されます（これについては4-4で説明します）。また、偶数の完全数はこのタイプしかないことも明らかになっています。従って、現在知られている最大のメルセンヌ素数である$2^{77232917} - 1$が、50番目の完全数、

$(2^{77232917} - 1) \times 2^{77232917-1}$

を生み出したのです。

■ 完全数とはどんな数か？

数	約数の和
6	$1 + 2 + 3 = 6$
28	$1 + 2 + 4 + 7 + 14 = 28$
496	$1 + 2 + 4 + 8 + 16 + 31 + 62 + 124 + 248 = 496$
8128	$1+2+4+8+16+32+64+127+254+508+1016+2032+4064 = 8128$

このように、約数の和がその数に等しいのが **完全数** である！

ここまで出てきた数を整理してみよう

不足数 (素数でない)	不足数 (素数である)	完全数	過剰数
1, 4, 8, 9, …	2, 3, 5, 7, …	6, 28, 496, …	12, 18, 20, 24, 30, …

4 ▶ 完全数は偶数しかないのか

「奇数の完全数」はある?

自然数や素数と同様に、完全数についても「無限に存在するのか?」という疑問が生じてきます。残念ながら、現時点でこれに対する答えは知られていませんが、完璧な**完全数の生成公式**は、ユークリッドにより発見されています。これは驚くべきことです。ユークリッドの『**原論**』には、

「2^p-1 が素数ならば、
$2^{p-1} \times (2^p-1)$ の形の数はすべて完全数」

であることが証明されています。ただし、2^p-1 が素数であれば、p も素数ですが、p が素数でも 2^p-1 が素数とは限りません。このことには注意が必要です。たとえば、$p=11$(素数)のとき、$2^p-1=2047=23 \times 89$ なので、素数ではなく合成数です。

しかし、「完全数はすべてこの形でなければならない」というわけではありません。あくまでも**現時点で知られている完全数がすべてこの形**というだけです。たとえば、具体的に調べてみると、

$$6 = 2^1 \times (2^2-1) \quad p=2$$
$$28 = 2^2 \times (2^3-1) \quad p=3$$
$$496 = 2^4 \times (2^5-1) \quad p=5$$
$$8128 = 2^6 \times (2^7-1) \quad p=7$$
$$33550336 = 2^{12} \times (2^{13}-1) \quad p=13$$

また、オイラーは「偶数の完全数が存在したら、それはユークリッドの形(上述)でなければならない」ことを証明しました。

実際、コンピュータを用いた調査では、かなり大きな数まで

奇数の完全数は存在しないことがわかっています。しかし、**奇数の完全数が存在するかもしれないので、やはりすべてがこの形とはいいきれない**のです。奇数の完全数が発見されたら、数学会をにぎわす大ニュースになることは間違いありません。

■ ユークリッドの主張

$$2^p - 1 \text{ が素数} \implies 2^{p-1} \times (2^p - 1) \text{ は完全数}$$

- 496で考える

$$496 = 2^4 \times (2^5 - 1) = 2^4 \times 31 \longrightarrow 素数$$

約数の和 $= 1 + 2^1 + 2^2 + 2^3 + 2^4$
$\qquad\qquad + 1 \times 31 + 2 \times 31 + 2^2 \times 31 + 2^3 \times 31$
$\qquad = 1 + 2 + 4 + 8 + 16 + 31 + 62 + 124 + 248 = 496$

- 一般の p で考えると $2^p - 1$ が素数ならば、
  $2^{p-1} \times (2^p - 1)$ の約数の和

$= 1 + 2 + \cdots + 2^{p-1} + (2^p - 1) + 2(2^p - 1) + 2^{p-2}(2^p - 1)$

→ それぞれ「等比数列の和の公式※」を使う

$= \dfrac{2^p - 1}{2 - 1} + \dfrac{2^{p-1} - 1}{2 - 1} \times (2^p - 1)$

$= 2^{p-1} \times (2^p - 1)$ ⟹ **完全数**

※ 以下の「等比数列の和の公式」を用いた。

$$1 + a + a^2 + \cdots + a^n = \dfrac{a^{n+1} - 1}{a - 1} \ (a \neq 1)$$

4 ▶ *aの約数の和がbに、bの約数の和がaに*

「友愛数」とは何か？

約数の和に着目するとき、他にもおもしろい特徴を持つ数があります。その1つが**友愛数**です。たとえば、aとbという2つの数があります。aの約数の和がbになり、bの約数の和がaになるような2つの数を**友愛数**（のペア）といいます。

友愛数は、まれにしか存在しません。古代ギリシャ人が（220, 284）のペアしか知らなかったほどです。

2組目の友愛数は1636年に、前述したフェルマーが発見するまで見つかりませんでした。そのペアは、以下です。

（17296, 18416）

ここでいう2組目とは、「2番目に小さい」という意味ではなく、あくまで発見の順序を表しています。

「2番目に小さい」ペアが見つかったのは1867年です。これはなんと16歳のイタリア人学生であるニコロ・パガニーニによるものでした。そのペアは、（1184, 1210）です。先に大きなペアが見つかったというのもふしぎな話です。

3組目の友愛数は、「我思う、ゆえに我あり」で有名なフランスの哲学者・数学者ルネ・デカルトによって1638年に発表された（9363584, 9437056）です。

その後、偉大なオイラーが1747年から1750年にかけて、59組ものペアを発見し続けます。その最小のペアは、以下です。

$$2620 = 2^2 \times 5 \times 131, \ 2924 = 2^2 \times 17 \times 43$$

19世紀の終わりまでに発見された**66組の友愛数**のうち、

59組がオイラーの手によるものであり、これは驚きです。

■ 友愛数とは？

> 友愛数は親和数、親愛数、友数
> などとも呼ばれる

N の約数の和 $= M$
M の約数の和 $= N$ ➡ **M と N は友愛数**

〈例〉**220、284で考える**

$220 = 2^2 \times 5 \times 11$ （素因数分解）

約数の和 $= 1+2+4+5+10+11+20+22+44+55+110 =$ **284**

$284 = 2^2 \times 71$ （素因数分解）

約数の和 $= 1+2+4+71+142 =$ **220**

> 現在までに友愛数は
> 約1000組見つかっている

4▶6　79750, 88730

ようやく見つかった「友愛数のペア」

4-5で紹介したように、1867年に16歳の少年パガニーニは、2500年以上前に知られていた最初の友愛数のペア（220, 284）を除いて、それまでに知られていたどのペアよりも小さく新しい、以下の友愛数のペアを発表しました。

$1184 = 2^5 \times 37$（素因数分解）
約数の和 $= 1+2+4+8+16+32+37+74+148+296+592 = 1210$
$1210 = 2 \times 5 \times 11^2$（素因数分解）
約数の和 $= 1+2+5+10+11+22+55+110+121+242+605 = 1184$

このペアはどういうわけか、あの偉大なオイラーの探索を逃れています。しかし、今ではコンピュータを用いて、**1億までの友愛数のペア**がすべて求められています。従って、パガニーニのような熱心なアマチュアが、忘れられているかもしれないペアを発見する余地はありません。

1939年に、B. H. ブラウンが（12285, 14595）のペアを公表するまで、389組のペアが発見されており、そのいくつかは 10^{24} ほどの大きさをもっています。

ところが、信じられないことに、10^5 より小さなペアが発見を逃れていました。それは1966年、コンピュータによる根こそぎの探索で100万までのすべての友愛数のペアが洗い出されたときにはじめて見つかったのです。この「**最後にしぶしぶ姿を現した**」ペアが以下です。

$$79750 = 2 \times 5^3 \times 11 \times 29, \quad 88730 = 2 \times 5 \times 19 \times 467$$

今では、小さいほうの数が100万以下で42組のペア、1000万以下で108組のペア、1億以下で236組のペアが知られています。ただし、**友愛数のペアが無限に存在するかどうかは、まだ証明されていません。**

■ 代表的な友愛数のペア

友愛数のペア		発見者	発見年
220	284	ピタゴラス	紀元前 540年
1184	1210	パガニーニ	1867年
2620	2924	オイラー	1747年
5020	5564	オイラー	1747年
6232	6368	オイラー	1747年
10744	10856	オイラー	1747年
12285	14595	ブラウン	1939年
17296	18416	フェルマー	1636年
63020	76084	オイラー	1747年
66928	66992	オイラー	1747年
67095	71145	オイラー	1747年
69615	87633	オイラー	1747年
79750	88730	アラネン他	1966年
100485	124155	オイラー	1747年
122265	139815	オイラー	1747年

> 友愛数は素数のように最大＝最新ではない。その発見順序はバラバラである。また、オイラーが見つけられなかった（1184, 1210）を高校生のパガニーニが発見したことは、数学史上、大きな驚きの1つである

4-7 多くの友愛数は「9で割り切れる」
友愛数についての「予想」

友愛数は、値の小さいペアがいつまでも発見されなかったり、16歳の少年が大数学者をさしおいて発見するなど、おもしろいエピソードが豊富です。ここでは、そんな**友愛数についての予想**をいくつかご紹介しましょう。

① 友愛数は、無限に存在する。
② 友愛数のペアは、ともに偶数であるか、ともに奇数である。
③ 奇数の友愛数は、すべて3で割り切れる。
④ 友愛数のペアはすべて、1でない公約数を持つ。

②と③が正しければ、偶数のペアの友愛数は2で割り切れ、奇数のペアは、ともに3で割り切れ、④が正しいことは簡単にわかります。

この他にも友愛数には、それらが限りなく大きくなるにつれて、「ペアの2つの数の比(M/N)は、限りなく1に近づいていく」という予想もあります。しかしこれは、友愛数が無限に存在すると仮定したうえでの予想です。

また、**多くの友愛数のペアは、ペアの2つの数の和が9で割り切れるという特徴**があります。たとえば、(220, 284) という最小のペアを考えると、和は 220 + 284 = 504 です。9で割ると56で、確かに割り切れます。しかし残念ながら、これの例外もすでに見つかっています。(12285, 14595) のペアは、和が26880なので、9で割ると2986.666…となり、割り切れません。

現在は、高性能なコンピュータが手軽に使えますから、これからもさまざまな予想や特徴が発見されるでしょう。

■ 友愛数の特徴

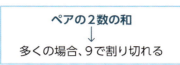

ペアの2数の和
↓
多くの場合、9で割り切れる

M	N	$\dfrac{M+N}{9}$
220	284	56
1184	1210	266
2620	2924	616
5020	5564	1176
6232	6368	1400
10744	10856	2400
12285	14595	2986.666…
17296	18416	3968
⋮	⋮	⋮
726104	796696	169200
802725	863835	185173.333…
879712	901424	197904
898216	980984	208800

最初の40組のうち、
例外は上の2組だけである

ほとんどの社交数は4つの数の組

「社交数」とは何か？

　友愛数の定義は、「一方の約数の和が他方に等しい」ということでした。この定義を拡張（一般化）して、次のような関係の、**3つ以上の数の組**が存在するかどうか見てみましょう。このような数の組は**社交数**と呼ばれています。

　まず、3つの数 L, M, N の組を考えます。**L の約数の和は M に等しく、M の約数の和は N に等しく、N の約数の和は L に等しいものが存在するか**どうかを考えてみます。しかし今のところ、このような「社交的」な3つの数の組は見つかっていません。ただし、それが「存在しない」ことを証明した人もいません。なお、4つの数からなる社交数の組の中で、最小の数を含むものは、

　　1264460，1547860，1727636，1305184

と考えられています。

　2018年現在、171組の社交数が発見されていますが、そのうちの**161組**がなんと**4つの数の社交数**です。そして、残りの10組はどのような内訳かというと、6つの数の社交数が5組、8つの数が2組、そして、5つの数、9つの数、28個の数の社交数が、それぞれ1組です。

　たとえば、**右ページ**でも紹介する5つの数の社交数は、

　　12496，14288，15472，14536，14264

です。社交数で最もふしぎなのは、前述のように、**3つの数の社交数が、まだ見つかっていないこと**でしょう。

■ 5つの数の社交数

> 下の5つの数が「社交数」であることを確かめる。
> 確かに5つの数の社交数になっていることがわかる

① $12496 = 2^4 \times 11 \times 71$（素因数分解）

約数の和 $= 1+2+4+8+16+11+22+44+88+176+71+142$
$+ 284 + 568 + 1136 + 781 + 1562 + 3124 + 6248$
$= 14288$

② $14288 = 2^4 \times 19 \times 47$（素因数分解）

約数の和 $= 1+2+4+8+16+19+38+76+152+304+47$
$+ 94 + 188 + 376 + 752 + 893 + 1786 + 3572 + 7144$
$= 15472$

③ $15472 = 2^4 \times 967$（素因数分解）

約数の和 $= 1+2+4+8+16+967+1934+3868+7736$
$= 14536$

④ $14536 = 2^3 \times 23 \times 79$（素因数分解）

約数の和 $= 1+2+4+8+23+46+92+184+79+158$
$+ 316 + 632 + 1817 + 3634 + 7268$
$= 14264$

⑤ $14264 = 2^3 \times 1783$（素因数分解）

約数の和 $= 1+2+4+8+1783+3566+7132$
$= 12496$

約数の和　12496，14288，15472，14536，14264

1000より小さい不思議数は70と836だけ

「不思議数」とは何か？

4-2で解説しましたが、「12」のように、約数の和がその数自身より大きい数は**過剰数**と呼ばれます。たとえば12の約数の和は、

$$1+2+3+4+6=16$$

で、12より大きくなるからです。

ここで、すべての約数ではなく、その中から「2」「4」「6」だけを選んで和を求めると、

$$2+4+6=12$$

となり、もとの数に一致します。あるいは、

$$1+2+3+6=12$$

でも、もとの数に一致します。また「30」という数も、約数の和は、

$$1+2+3+5+6+10+15=42$$

で過剰数です。その一部分をとると、たとえば、

$$5+10+15=30$$

となります。ほとんどの過剰数は、**約数の一部分の和がちょうどその数に等しい**という性質を持っています。

この性質を持たない過剰数を**不思議数**といいます。実際、1000より小さい不思議数は、2つしかありません。すべての不思議数の中で、最小のものは「**70**」です。約数の和は、

$$1 + 2 + 5 + 7 + 10 + 14 + 35 = 74$$

で過剰数ですが、**4（70と74の差）をつくる組み合わせがないことにお気づきでしょうか？** よって70をつくる組み合わせがないのです。

また、現在わかっている不思議数はすべて偶数で、奇数の不思議数は見つかっていません。なお、不思議数が無限にあることはわかっています。

■ 過剰数の例外が不思議数

```
18 ──→ 1 + 2 + 3 + 6 + 9 = 21
           ↓   ↓   ↓
           3 + 6 + 9 = 18   もとの18に一致
20 ──→ 1 + 2 + 4 + 5 + 10 = 22
       ↓       ↓   ↓   ↓
       1 +     4 + 5 + 10 = 20   もとの20に一致
```

過剰数の中で約数の一部分の和がその過剰数に一致しない数

不思議数

※上の18、20は不思議数ではない。

過剰数
18, 20, ...
不思議数
70, ...

最小の不思議数は70。なぜなら、

$$70 \longrightarrow 1 + 2 + 5 + 7 + 10 + 14 + 35 = 74$$

これから70をつくるためには、
上の約数を組み合わせて74−70＝4
をつくらなくてはいけないが……

4がつくれない！

```
  1    2    3    4    5    6    7    8
  ||   ||   ||   ||   ||   ||   ||   ||
  1    2   1+2   ?    5   1+5  2+5 1+2+5
```

Column 4

いまだに証明されていない「$3x+1$問題」とは?

　問題そのものは容易に理解できるものの、いまだに解けていない有名な難問があります。それが$3x+1$問題です。

　まず、ある数が偶数なら2で割り、奇数なら3倍して1を加えます。だから$3x+1$問題と呼ばれています。

　このとき、「上の計算を繰り返すうちに、どんな自然数から出発しても、いつかはかならず1になるか?」というのが、$3x+1$問題です。

　たとえば、3からはじめたとしましょう。そうすると「3→10→5→16→8→4→2→1」のように、確かに最後は1になっています。

　現在までに、コンピュータにより非常に大きな数までチェックされていますが、いまだに「1にならない」という例は発見されていません。しかし、「この主張が正しい」という証明はされていないのです。

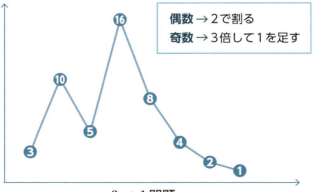

$3x+1$問題

第 **5** 章

図形と数が結びついた「図形数」

この章では、ちょっと違った方向から数を眺めてみましょう。具体的には、**三角形のような図形に関係する数**です。まず**三角数、四角数、五角数、六角数、正四面体数**について説明します。その後、**平方数、立方数**、そして、それらに関連する予想についても触れます。

※ 図形数とは、一定の規則で図形状に並べられた点の個数として表される自然数の総称です。

「三角数」とは何か？

1からはじまる自然数を次々と加えていく

第5章の「主役」である**図形数**は、これまで見てきた数とは少し異なり、**背景に図形的な概念を持つ数**です。

ピタゴラス（紀元前572?～492?年）など、古代ギリシャの数学者たちは、平面上または空間内で、あるルールに従って点を打つことによってつくられる数に強い関心を持っていました。

このような図形で最も簡単なのは、正三角形をもとにつくられるものです。**右ページで見ていきましょう。**

右のように、正三角形をつくる点の数を数えることにより、

1, 3, 6, 10, 15, 21, 28, 36, 45, 55, 66, ...

という数列が生成されます。このような数は**三角数**と呼ばれます。三角数は、1からはじまる自然数を次々と加えることによりつくられます。

つまり、

$$1 = 1$$
$$1 + 2 = 3$$
$$1 + 2 + 3 = 6$$
$$1 + 2 + 3 + 4 = 10$$
$$1 + 2 + 3 + 4 + 5 = 15$$

となるわけです。この形も三角形です。

これは、三角数の図形の点を、**右ページのように分割すると理解しやすい**でしょう。このように、図形数を考えるときは**図形を思い浮かべる**と、いろいろなことが見えてきます。

■ 自然数をどんどん足していく

> 三角数

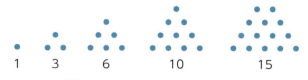

三角数はこのように増えていく

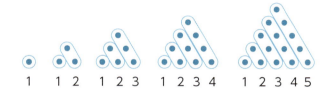

このように点を分割すると、もっとわかりやすくなる

$$1 = 1$$
$$1 + 2 = 3$$
$$1 + 2 + 3 = 6$$
$$1 + 2 + 3 + 4 = 10$$
$$1 + 2 + 3 + 4 + 5 = 15$$
$$\vdots$$

というふうに三角数は続く

$$S_n = \frac{n(n+1)}{2}$$

5▶2 三角数を求める公式

三角数は、自然数を次々に加えることによって与えられるので、n番目の三角数S_nは、一般に次の式で与えられます。

$$S_n = 1 + 2 + 3 + \cdots + (n-2) + (n-1) + n \qquad \cdots\cdots ①$$

さて、上記の式を簡単に求めることを考えてみましょう。今、S_nを、前と後ろをひっくり返して、

$$S_n = n + (n-1) + (n-2) + \cdots + 3 + 2 + 1 \qquad \cdots\cdots ②$$

と書きます。①と②を筆算の要領で合計すると、

$$\begin{aligned}
S_n =&\ \ 1\ \ +\ \ 2\ \ +\ \ 3\ \ +\cdots+(n-2)+(n-1)+n \\
+S_n =&\ \ n\ \ +(n-1)+(n-2)+\cdots+\ \ 3\ \ +\ \ 2\ \ +1 \\
\hline
2S_n =&\ (n+1)+(n+1)+(n+1)+\cdots+(n+1)+(n+1)+(n+1)
\end{aligned}$$

のように、**すべての項が$n+1$になる**ことがわかります。この項の数はn個ですから、合計は、

$$2S_n = (n+1) \times n$$

となり、次の公式が得られます。

$$S_n = \frac{n(n+1)}{2}$$

これは、**図形的に見てもよくわかります**(右ページ参照)。たとえば、1から100までの和は、

$$S_n = 1 + 2 + 3 + \cdots + 100 = \frac{100 \times (100+1)}{2} = 5050$$

というように、すぐ求めることができます。前述した大数学者ガウスは小学生のとき、ここで解説した方法で1から40までの和（説によって「40」という数字は変わりますが）をすぐに求め、「この計算にはたっぷり時間がかかる」と思っていた先生を驚かせたという逸話が残っています。

■ 三角数を求める公式

$$S_n = \frac{n(n+1)}{2}$$

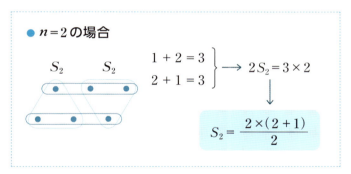

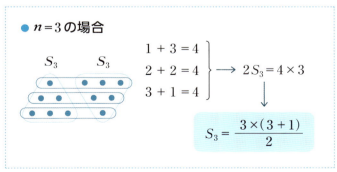

5▶3 組み合わせで登場する三角数

$_2C_2=1,\ _3C_2=3,\ _4C_2=6,\ ...$

三角数はしばしば、まったく思いがけないところに現れます。

$$1 = 1$$
$$1 + 2 = 3$$
$$1 + 2 + 3 = 6$$

と、どんどん自然数を足していって、点のピラミッドをつくるだけの数ではありません。三角数は上述の他に、**あるものの集合から、2個のものを取り出す組み合わせの数**を与えます。このとき、取り出す順序は無視します。右ページを見ながら解説していきましょう。

たとえば、2つのものの集合から要素A、要素Bの2つを取り出すとします。この場合は、要素A、要素Bをそのまま取り出すだけなので、方法は1通りしかありません。この「1」が最初の三角数です。

次に、要素A、要素B、集合Cからなる集合から2つを取り出します。この場合、AB、BC、ACの3通りが考えられます。

そして、要素A、要素B、要素C、要素Dからなる集合から2つを取り出すときには、AB、AC、AD、BC、BD、CDの6通りがあります。そして、このようにして、**あるものの集合から2つを取り出す組み合わせの数によってできる数列は、三角数になる**のです。

ここで**組み合わせ**について解説しましょう。「*m*個のものから*n*個取り出す」というのを、「$_mC_n$」と表します。「C」は、英語で組み合わせを表すcombinationの頭文字です。この書き方

を使えば、上の数列は、

$$_2C_2 = 1, \quad _3C_2 = 3, \quad _4C_2 = 6, \quad _5C_2 = 10, \ldots$$

と表すことができます。

■ 組み合わせで登場する「三角数」

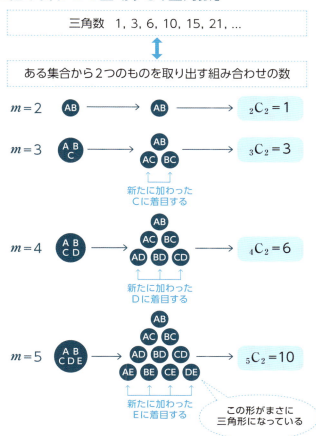

5 ▶ 1つおきのすべての自然数を加えていく

「四角数(平方数)」とは何か?

前項まで**三角数**について解説してきましたが、「三角数があるなら、四角数もあるのでは?」と考えるのは、自然なことです。そのとおり、**四角数**も存在します。三角数が正三角形を生成する数なら、四角数は正方形を生成する数です。右ページを参照してください。

四角数は、次々と大きくなる正方形を平面上に描くことにより与えられます。この点を順に数えていくと、

 1, 4, 9, 16, 25, 36, 49, 64, …

という数列が得られます。1からはじめて、**1つおきのすべての自然数(つまり奇数)を加えていくことで、この数列ができるのです**。

$$1 = 1$$
$$1 + 3 = 4$$
$$1 + 3 + 5 = 9$$
$$1 + 3 + 5 + 7 = 16$$
$$1 + 3 + 5 + 7 + 9 = 25$$

ここで、この数列の右辺をもう少し注意深く見てみましょう。それぞれの四角数が、自然数の2乗、つまり平方になっています。右ページより一目瞭然ですね。従って、この数列は上記のように表すよりも、

 1^2, 2^2, 3^2, 4^2, 5^2

と書いたほうがわかりやすいかもしれません。四角数は、この性質から、**平方数**とも呼ばれます。

■四角数＝奇数の和

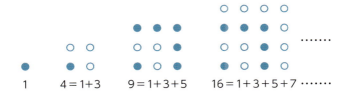

> 四角数は「奇数の和」で表せることがわかる

■四角数＝平方数

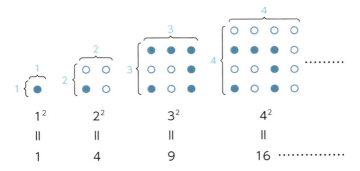

> このような関係から「平方数」とも呼ばれる

3ずつ増える数の和、4ずつ増える数の和

「五角数」や「六角数」もある?

「三角数、四角数があるなら、五角数、六角数もあるのでは?」と思う方もおられるでしょう。そのとおり、五角数、六角数もあります。**五角数**は、五角形をもとに生成される数です。**右ページ**のように、

1, 5, 12, 22, 35, 51, 70, 92, ...

と、**1からはじめて3ずつ増える数の和によってできる数列**です。

$$1 = 1$$
$$1 + 4 = 5$$
$$1 + 4 + 7 = 12$$
$$1 + 4 + 7 + 10 = 22$$
$$1 + 4 + 7 + 10 + 13 = 35$$

そして、六角数は六角形をもとに生成される数で、**右ページ**のように、

1, 6, 15, 28, 45, 66, ...

と、**1からはじめて4ずつ増える数の和によってできる数列**です。

$$1 = 1$$
$$1 + 5 = 6$$
$$1 + 5 + 9 = 15$$
$$1 + 5 + 9 + 13 = 28$$
$$1 + 5 + 9 + 13 + 17 = 45$$

第5章　図形と数が結びついた「図形数」

　n 角数は、**1 からはじめて $(n-2)$ ずつ増える数を次々と加えていく**ことによって与えられることがわかります。たとえば、六角数ならば、4（6−2）ずつ増える数となります。

■ 五角数

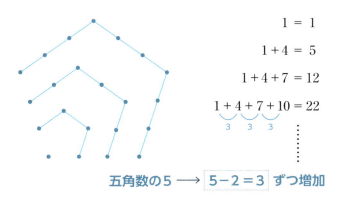

$$1 = 1$$
$$1 + 4 = 5$$
$$1 + 4 + 7 = 12$$
$$1 + 4 + 7 + 10 = 22$$
　　　　　3　3　3

五角数の5 ⟶ 5−2＝3 ずつ増加

■ 六角数

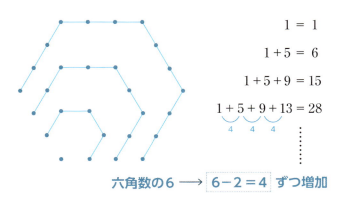

$$1 = 1$$
$$1 + 5 = 6$$
$$1 + 5 + 9 = 15$$
$$1 + 5 + 9 + 13 = 28$$
　　　　　4　4　4

六角数の6 ⟶ 6−2＝4 ずつ増加

フェルマーの予想

次世紀の研究者が証明した

　第3章、第4章にも登場したフェルマーは、素数だけでなく図形数にも興味をもっていました。そんな彼が、3世紀ごろのギリシャ人数学者、アレクサンドリアのディオファンタスが書いた本の複写を手に入れたのは30歳のころでした。

　フェルマーは、この複写の余白に、

> 「すべての自然数は、どれも三角数であるか、
> 　あるいは2個または3個の三角数の和で表される」

と記しました。「**すべての自然数は3個以下の三角数の和で表される**」ということです。同様に、

> 「すべての自然数は、四角数であるか、あるいは
> 　2個、3個、または4個の四角数の和で表される」
> 「すべての自然数は、五角数であるか、あるいは
> 　2個、3個、4個、または5個の五角数の和で表される」

と彼は考えました。しかし、ここでも彼は素数のときと同様に、これらの主張に対して、どんな証明も残しませんでした。そのため、**次世紀の他の研究者が証明**することになりました。

　四角数の証明は、1772年にフランスの数学者・天文学者ジョゼフ＝ルイ・ラグランジュ（1736〜1813年）によって、三角数の証明は、1798年に前述（3-3）のルジャンドルによってなされています。そして、一般の場合は、1813年にフランス人数

第5章　図形と数が結びついた「図形数」

学者オーギュスタン゠ルイ・コーシー（1789〜1857年）が解いたとされています。

■「すべての自然数は、3個以下の三角数の和で表される」のか？

三角数 の場合を見ると……

=
1, 3, 6, 10, 15, 21, ...

自然数	三角数の和
1	1
2	1 + 1
3	3
4	1 + 3
5	1 + 1 + 3
6	6
7	1 + 6
8	1 + 1 + 6
9	3 + 6
10	10
11	1 + 10
12	1 + 1 + 10
13	3 + 10
14	1 + 3 + 10
15	15
16	1 + 15
17	1 + 1 + 15
18	3 + 15
19	1 + 3 + 15
20	10 + 10

確かに20までは、3個以下の三角数の和で表せる

5-7 組み合わせで登場する「正四面体数」とは？

$_3C_3=1$, $_4C_3=4$, $_5C_3=10$, ...

ここまでの図形数は、三角数、四角数などのように、平面上、つまり2次元で表せる数でした。「2次元で表せるなら、3次元で表せる数もあるのでは？」ということで、ここでは**正四面体数**について解説しましょう。まず、**正四面体とは、4つの面すべてが正三角形である立体**のことです。右ページを見てもわかるように、正四面体数は、

$$1 = 1$$
$$1 + 3 = 4$$
$$1 + 3 + 6 = 10$$
$$1 + 3 + 6 + 10 = 20$$
$$1 + 3 + 6 + 10 + 15 = 35$$

のように、**1からはじまる三角数の和**になっています。

この正四面体数は、**ある集合から3つを取り出す組み合わせの数**になっています。これは 5-3 で紹介した、三角数が「ある集合から2つを取り出す組み合わせの数に一致する場合」に対応しています。

要素A、要素B、要素Cの3つからなる集合から3つを取り出す方法は、そのまま取り出すので1つです。要素A、要素B、要素C、要素Dの4つからなる集合から3つを取り出す方法は、ABC，BCD，ACD，ABDの4つです。

5-3 で解説したように、このことは「n個のものから3つを取り出す」ということなので、先ほどの記号を使うと、

$$_3C_3 = 1, \ _4C_3 = 4, \ _5C_3 = 10, \ _6C_3 = 20, \ ...$$

と表すことができます。

■ 正四面体数

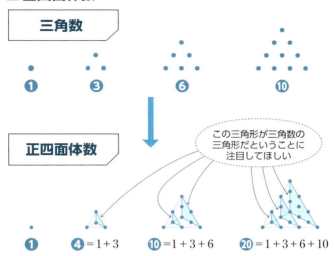

■ 正四面体数は3つを取り出す組み合わせの数

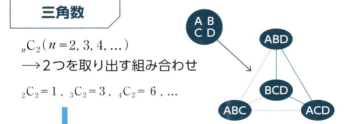

三角数

$_nC_2\ (n=2, 3, 4, ...)$

→ 2つを取り出す組み合わせ

$_2C_2 = 1$, $_3C_2 = 3$, $_4C_2 = 6$, ...

正四面体数

$_nC_3\ (n=3, 4, 5, ...)$

$_3C_3 = 1$, $_4C_3 = 4$, $_5C_3 = 10$, ...

正四面体数は三角数の「発展系」である

平方数（四角数）の3次元版

「立方数」とは何か？

5-4で平方数（四角数）を解説しましたが、ここでは3次元バージョンの**立方数**について解説しましょう。

立方数とは**正六面体をもとに生成される数**です。実際、立方数の列は、**右ページ**のように、

 1, 8, 27, 64, 125, 216, …

となります。立方とは**3乗**のことなので、これは、

 $1^3, 2^3, 3^3, 4^3, 5^3, 6^3, …$

と書いたほうがわかりやすいかもしれません。立方数もこれまでのように、自然数の和の形で表現すると、

 $1^3 = 1, \ 2^3 = 1 + 7, \ 3^3 = 1 + 7 + 19, …$

となりますが、立方数には**より直観的に美しいと思える表記法**があります。それは、下記に示したものです。

 $1^3 = 1$
 $2^3 = 3 + 5$
 $3^3 = 7 + 9 + 11$
 $4^3 = 13 + 15 + 17 + 19$
 $5^3 = 21 + 23 + 25 + 27 + 29$

これは、5-4で解説した「奇数の和」の一部分になっています。このことから、**平方数（四角数）と立方数の間に、何らかの関係が導けそう**です。これについては、次項で説明することにしましょう。

■ 立方数

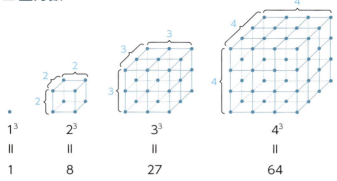

1^3 = 1

2^3 = 8

3^3 = 27

4^3 = 64

■ 奇数の和と立方数の関係

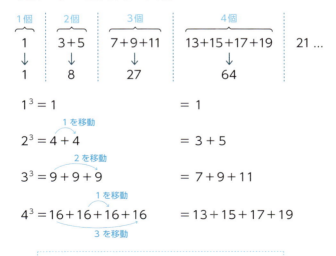

$1^3 = 1$ = 1

$2^3 = 4 + 4$ = 3 + 5 （1 を移動）

$3^3 = 9 + 9 + 9$ = 7 + 9 + 11 （2 を移動）

$4^3 = 16 + 16 + 16 + 16$ = 13 + 15 + 17 + 19 （1 を移動、3 を移動）

> 奇数の列を最初から、1個、2個、3個、……
> と区切って加えると立方数になっている

ポイントは「奇数の和」

「平方数」と「立方数」の関係は?

5-8で、立方数は、

$$1^3 = 1, \ 2^3 = 3 + 5, \ 3^3 = 7 + 9 + 11, \ ...$$

と表せることを示しました。右辺は奇数の和の一部になっていますが、よく見ると、**自分より小さいすべての立方数を加えると奇数の和が完成する**ことがわかります。つまり、

$$1^3 = 1$$
$$1^3 + 2^3 = 1 + (3 + 5)$$
$$1^3 + 2^3 + 3^3 = 1 + (3 + 5) + (7 + 9 + 11)$$

となるのです。5-4で解説したように、奇数の和は、

$$1 = 1^2$$
$$1 + (3 + 5) = (1 + 2)^2 = 3^2$$
$$1 + (3 + 5) + (7 + 9 + 11) = (1 + 2 + 3)^2 = 6^2$$

と、平方数で表すこともできるので、

$$1^3 = 1^2$$
$$1^3 + 2^3 = (1 + 2)^2 = 3^2$$
$$1^3 + 2^3 + 3^3 = (1 + 2 + 3)^2 = 6^2$$

という関係があります。同様に、

$$1^3 + 2^3 + 3^3 + 4^3 = (1 + 2 + 3 + 4)^2 = 10^2$$

という関係があることもわかります。いまいちピンとこない方

は、実際に計算してみましょう。

ここまで立方数の和は4までしか記していませんが、このような関係は、一体どこまで続くのでしょうか？ 実は、**この関係は無限に続きます**。このことは、次項で解説しましょう。

■「平方数」と「立方数」の関係

$$1^3 + 2^3 + 3^3 + \cdots + n^3 = (1 + 2 + 3 + \cdots + n)^2 \cdots ①$$

を帰納法※で証明する。ただし、$n = 1, 2, 3, \ldots$

❶ $n = 1$のとき、①の(左辺) = (右辺) = 1 で成立する

❷ $n = k$で成立を仮定すると、
 $1^3 + 2^3 + \cdots + k^3 = (1 + 2 + \cdots + k)^2 \cdots ②$ が成り立つ

$n = k + 1$のとき

①の(左辺)

> ②の条件を代入する

$= 1^3 + 2^3 + \cdots + k^3 + (k+1)^3$
$= (1 + 2 + \cdots + k)^2 + (k+1)^3$

①の(右辺)

> 三角数の公式
> $1 + 2 + \cdots + k = \dfrac{k(k+1)}{2}$
> が使える

$= (1 + 2 + \cdots + k + k + 1)^2$
$= \{(1 + 2 + \cdots + k) + (k+1)\}^2$
$= (1 + 2 + \cdots + k)^2 + 2(1 + 2 + \cdots + k)(k+1) + (k+1)^2$
$= (1 + 2 + \cdots + k)^2 + 2 \cdot \dfrac{k(k+1)}{2}(k+1) + (k+1)^2$
$= (1 + 2 + \cdots + k)^2 + k(k+1)^2 + (k+1)^2$
$= (1 + 2 + \cdots + k)^2 + (k+1)^3$

❷で一般のkで成立 → $k+1$も成立

❶で $n = 1$で成立なので、❶❷を合わせると 1 2 3 4 5…
と「すべての自然数で成立する」といえる

※個々の具体的事実から一般的な命題ないし法則を導き出す方法。

5-10 計算が劇的に簡単になる！
「平方数」は「立方数」の和

5-9で解説したような平方数と立方数の関係は、

> 「1^3からn^3までの立方数の和は、1からnまでの和の平方である」

という、一般の関係にまで拡張できます。つまり、5-9の最後で述べたように、**すべてのnに対して、この関係は崩れない**ということです。この関係を数式で書くと、

$$1^3+2^3+3^3+\cdots+n^3=(1+2+3+\cdots+n)^2$$

となります。さらに、5-2で求めた三角数の公式、

$$1+2+3+\cdots+n=\frac{n(n+1)}{2}$$

を用いると、右辺にそのまま代入できるので、

$$1^3+2^3+3^3+\cdots+n^3=\left\{\frac{n(n+1)}{2}\right\}^2$$

となります。左辺だけを見ると、立方数をいちいち足していかなければならないので非常に面倒です。逆に右辺は、どんな大きい数でもnに代入すればよいだけです。この関係を使えば、**いちいち3乗の和を計算するよりも、はるかに速く答えを出すことができる**のです。

立方数の和を求めるというわずらわしい計算が、**平方数との関係を用いることにより、簡単に計算できる**わけですから、非常にふしぎな感じがします。

■ わずらわしい立方数の和の計算が簡単になる

1^3 から n^3 までの立方数の和は、
1 から n までの和の平方である

$$1^3+2^3+3^3+\cdots+n^3=(1+2+3+\cdots+n)^2$$

三角数の公式を代入

$$1^3+2^3+3^3+\cdots+n^3=\left\{\frac{n(n+1)}{2}\right\}^2$$

〈例〉$n=100$ のとき、左辺と右辺の計算の手間を比較する

(左辺) $= 1^3+2^3+3^3+\cdots+100^3$
$= 1+8+27\ +\cdots+100^3$
$= 25502500$

掛け算200回
足し算99回

合計299回

(右辺) $= \left\{\dfrac{100\times(100+1)}{2}\right\}^2$
$= 5050^2$
$= 25502500$

掛け算2回、足し算1回
掛け算1回

合計4回

このようなときは公式の便利さを痛感する

5-11 すべての自然数は「n乗数の和」で表せるか?

ウェアリングの予想

1770年、英国の数学者エドワード・ウェアリングは、3-11で紹介した**ゴルドバッハの予想**に似た、次のような主張をしました。**ウェアリングの予想**です。

> 「すべての自然数は、多くても4個の平方数の和、あるいは、9個の立方数の和として表される」

まず、平方数を見てみましょう。右ページのように、1から15までは**4個で十分**です。しかも、ちょうど4個用いる場合は、そう多くありません。この場合は、5-6で解説したフェルマーの予想の四角数(平方数)の場合と一致し、4個の平方数で十分であることは、1772年に前述のラグランジュによって証明されています。

では、立方数はどうでしょうか? 上と同じように100までの数について見てみると、「**23**」のみ9個の立方数が必要で、あと**は8個以下で大丈夫**です。

ウェアリングの予想が現れてから約170年経った1939年には、9個の立方数を必要とするのは「**23**」と「**239**」だけで、8個の立方数を必要とするものも15個しかないことがわかりました。従って、リストの最後にある「454」より大きい自然数は、すべて7個以下の立方数の和であることもわかりました。**大きな数を表すのに少ない立方数ですむのはふしぎですね。**

ウェアリングの予想は、図形数ではない**4乗数**にも及んでいます。4乗数以降の5乗数, 6乗数, ……も、**有限個の和ですべ**

ての自然数を表せると予想しています。現在、20000乗数までのほとんどの数は、有限個の和ですべての自然数を表せることが証明されています。ただし、**4乗数が19個という予想**は、まだ証明されていません。

■ 自然数は「平方数の和」で表すと4個で十分

$1 = 1^2$

$2 = 1^2 + 1^2$

$3 = 1^2 + 1^2 + 1^2$

$4 = 2^2$

$5 = 2^2 + 1^2$

$6 = 2^2 + 1^2 + 1^2$

$7 = 2^2 + 1^2 + 1^2 + 1^2$

$8 = 2^2 + 2^2$

$9 = 3^2$

$10 = 3^2 + 1^2$

$11 = 3^2 + 1^2 + 1^2$

$12 = 3^2 + 1^2 + 1^2 + 1^2$

$13 = 3^2 + 2^2$

$14 = 3^2 + 2^2 + 1^2$

$15 = 3^2 + 2^2 + 1^2 + 1^2$

■ 自然数は「立方数の和」で表すと9個で十分

$1 = 1^3$

$2 = 1^3 + 1^3$

$3 = 1^3 + 1^3 + 1^3$

⋮

$10 = 2^3 + 1^3 + 1^3$

⋮

$23 = \underbrace{2^3 + 2^3 + 1^3 + 1^3 + 1^3 + 1^3 + 1^3 + 1^3 + 1^3}_{9個必要}$

⋮

$8042 = \underbrace{19^3 + 10^3 + 4^3 + 4^3 + 3^3 + 3^3 + 1^3}_{7個必要}$

⋮

― 8個必要 ―

「15」 「22」 「50」 「114」 「167」
「175」 「186」 「212」 「231」 「238」
「303」 「364」 「420」 「428」 「454」

9個必要なのは
「23」と「239」のみ

7個必要なのは
「8042」のみ

8個必要なものも
上記の15個だけである

Column 5

懐かしい「寺山算術」

　数の四則演算に文学的な意味など、まったく考えたこともない無垢な大学生の筆者が、たまたま寺山修司（1935～1983年）の『誰か故郷を想はざる』の次の一節を、無防備にも読んだときの衝撃を忘れられません。

　「数学の答案で、『二と二でいくつ？』という初歩的な問題が出されたとき、「荷と荷」で「死」という思想に耐えられず、少なくともそれは「産」でなければならないと思ったぼくの社会への目ざめが、「二と二で三は間違いだ」として物笑いにされた。しかし、数字の中の予言を読みとらないものに、どうして世界を数えることなど出来得よう。真理とは、つねに数の翳にひそむ魂の叙事詩だ」

　数学理論とは対極にあるにもかかわらず「蛇使い」のごとき**「言葉使い」を目指しつづけた寺山修司らしい妙な迫力**が、今でも感じられ、懐かしく思います。

四は死、三は産だから
二と二では四ではなく
三でなければならない

寺山修司

写真：時事

第6章
まかふしぎな「魔方陣」

この章では、今までの流れとはガラッと変わり、**魔方陣**について紹介します。**魔方六方陣**も含め、いろいろな魔方陣の性質や特徴、そして未解決な問題についても解説します。きっと魔方陣のまかふしぎな魅力から抜け出せなくなることでしょう。

「3×3の魔方陣」は1つしかない

「魔方陣」とは何か?

さて、第5章で紹介した**四角数**は**正方形を生成する数**でした。ここでは、この**正方形を分割することによって得られるおもしろい数の表**について解説していきましょう。分割された最小の正方形を**セル**と呼ぶことにします。

これから紹介するその数の表は、**1からはじまる自然数をセルの中に書いて、しかも各行、各列、さらに2つの対角線上にある数の和が等しいようにしたもの**です。この数の表は**魔方陣**と呼ばれます。百聞は一見に如かず——右の**3×3の魔方陣**をご覧ください。確かに各行の数の和は、

$$2+9+4=7+5+3=6+1+8=15$$

と、すべて15に等しくなっています。また、各列の和も、

$$2+7+6=9+5+1=4+3+8=15$$

で等しく、2つの対角線上の和も、

$$2+5+8=4+5+6=15$$

であり、これが魔方陣になっていることがわかります。この3×3の魔方陣の源流は、2500年ほど前までさかのぼる古代中国といわれますが、それは何世紀もの間、運命を司る神秘の象徴でした。

なお、この**3×3の魔方陣を回転したり、鏡に映すといった操作によって得られた魔方陣も、和の組み合わせがすべて同じになります**。実際に、各行、各列、対角線上の数の和を求め

れば明らかです。次項の 6-2 では、この「和」にスポットを当て、くわしく解説しましょう。

■3×3の魔方陣

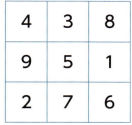

縦、横、斜めの和がすべて15になっている。なお、3×3の魔方陣はこの1つしかない

■魔方陣を回転・反転させても……

右に90°回転させる　　　左側に鏡を置いて映してみる

回転や反転して一致するものは、同じ魔方陣として扱う

「魔法和」とは何か？

各辺にn個のセルを用いて作られた、全部で$n \times n = n^2$個のセルを持つ魔方陣は、一般に**n次の魔方陣**と呼ばれます。6-1で考えた魔方陣は3×3の場合なので、**3次の魔方陣**でした。

これらの魔方陣をすべて埋めつくすには、1からn^2までの整数が必要です。そして各行、各列、対角線上の数を加えて得られる数は、その魔方陣の**魔方和**と呼ばれます。6-1の3次の場合は、「15」でしたね。

この魔方和は、「1からn^2まで加えた数をnで割った数」に等しくなります。このことをまず、6-1で紹介した「$n=3$」の場合で考えてみましょう（**右ページ参照**）。魔方和をMとすると、

$$M = a+b+c = d+e+f = g+h+i$$

が成り立つことがわかります。一方、

$$a+b+c+\cdots+i = 1+2+3+\cdots+9 = 1+2+3+\cdots+3^2$$

なので、

$$3M = 1+2+3+\cdots+3^2$$

が導かれます。従って、

$$M = \frac{1+2+3+\cdots+3^2}{3} = 15$$

が得られます。同様の考え方で、一般のn次の魔方陣の魔方和Mは、

$$M = \frac{1+2+\cdots+n^2}{n}$$

となることがわかります。三角数の公式「$1 + 2 + \cdots + n = \dfrac{n(n+1)}{2}$」に n^2 を代入した「$1 + 2 + \cdots + n^2 = \dfrac{n^2(n^2+1)}{2}$」を分子に使うと、

$$M = \dfrac{\dfrac{n^2(n^2+1)}{2}}{n} = \dfrac{n^2(n^2+1)}{2n} = \dfrac{n(n^2+1)}{2}$$

という形にも書き直せます。

■ 魔方和とは?

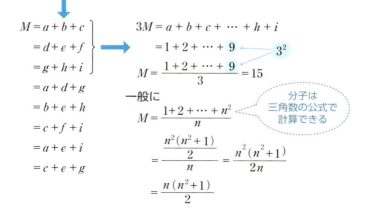

5次の魔方陣は2億7千万個以上ある

低い次数の魔方陣の数は？

ここでは、1次から5次までの**低い次数の魔方陣**について見ていきましょう。

1次の魔方陣（とも呼べませんが）は、当たり前ですが1つの数からなります（**右ページ**参照。以下同）。

2次の魔方陣は、4つの数1、2、3、4からなりますが、この2×2の魔方陣は存在しません。このことは、少し試行錯誤を繰り返すとわかるでしょう。実際、この場合の魔方和は、

$$\frac{2 \times (2^2+1)}{2} = 5$$

でなくてはなりません。左上に1を置くと、左下は4。ところが右上もやはり4を置かなければならないので、うまくいきません。

3次の魔方陣は、6-1で述べたとおりたった1個しかありません。

4次の魔方陣はたくさんあり、880個あることが知られています。このことは、1693年にはじめてわかりました。4次の魔方陣の中でも興味深いのは、**右ページ**に示したものです（なぜ興味深いかは6-4で説明します）。このときの魔方和は、

$$\frac{4 \times (4^2+1)}{2} = 2 \times 17 = 34$$

と計算できます。

5次の魔方陣ともなると、数は一気に増えます。その個数は最近になってコンピュータで求められましたが、実に、275305224個も存在します。

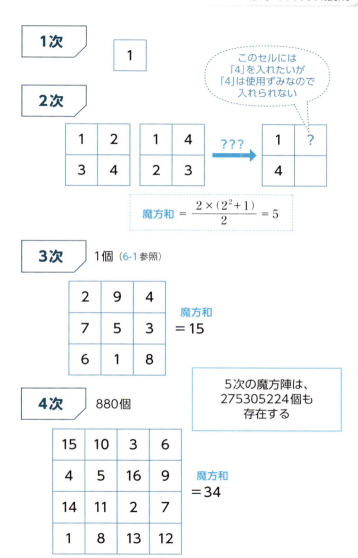

6-4 4次の魔方陣のふしぎ

小方陣に隠された秘密

6-3で「4次の魔方陣は880個あり、魔方和は34」であると述べました。ここでは4次の魔方陣が持つ**魔方和以外の性質**について解説しましょう。

ただし、すべての4次の魔方陣がこのような性質を持つわけではないのでご注意ください。

右ページで示した4次の魔方陣には、2行2列からなる**小方陣**が9個含まれています。この小方陣の4つの数の和はどれも、もとの魔方和「34」に等しいのです。たとえば、左上の小方陣の場合は、

15 + 10 + 4 + 5 = 34

となります。

次に、この魔方陣に4つ存在する、3行3列からなる小方陣の四隅の和を計算してみましょう。これもすべて、魔方和「34」に等しくなります。たとえば、右下の小方陣の場合は、

5 + 9 + 8 + 12 = 34

となります。

さらに、対角線上以外のどんな斜め方向の和も、魔方和「34」に等しくなります。もちろん、魔方陣なので、対角線の和は魔方和「34」に一致します。たとえば、左上から右下への斜め方向の和は（対角線の場合も含め）4種類あり、すべて「34」に一致します。同様に、右上から左下への斜め方向の和も4種類あり、すべて「34」に一致します。

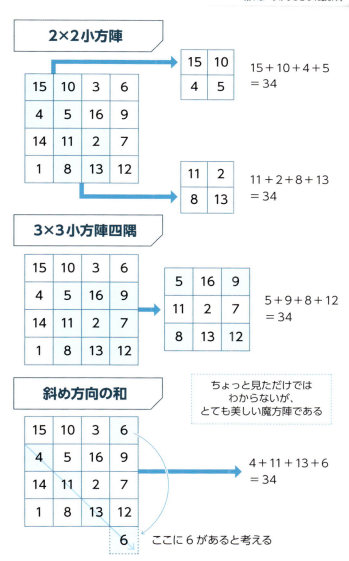

中心について対称な「対称魔方陣」

5次の魔方陣以外にもある

ここでは、**ふしぎな性質を持つ5次の魔方陣**をいくつか解説しましょう。

最初の例は、右ページ上の5次の魔方陣です。この魔方陣を見ると、中心の「13」について対称な、どんな2つの数を加えても「26」になっています。つまり中心の「13」の2倍になっているということです。

たとえば、

$$17 + 9 = 25 + 1 = 20 + 6 = 26$$

という具合です。

この5次の魔方陣は、「26」から各セルにある数を引いて得られた魔方陣が、**もとの魔方陣を180度回転したものになっている**のも興味深いことです。

このような対称性を持つ魔方陣は、一般に**対称魔方陣**と呼ばれ、5次の魔方陣以外にも存在します。

たとえば最も簡単な対称魔方陣の例は、6-1で紹介した3次の魔方陣です。中心について対称などんな2つの数を加えても「10」、つまり中心にある数「5」の2倍になっていることがわかります。

しかし、**すべての魔方陣が対称魔方陣というわけではありません**。その例を右ページ下に載せておきます（5次の魔方陣の場合）。この5次の魔方陣の各セルにある数を「26」から引いて得られた魔方陣は、もとの魔方陣を180度回転したものにはなっていません。

■ 対称魔方陣（5次の場合）

17	14	6	3	25
8	5	22	19	11
24	16	13	10	2
15	7	4	21	18
1	23	20	12	9

各セル内の数を
26から引く

9	12	20	23	1
18	21	4	7	15
2	10	13	16	24
11	19	22	5	8
25	3	6	14	17

中心に対して
対称な位置の
数の和はどれも26

もとの魔方陣を
180度回転させた
ものになっている

■ 対称でない魔方陣

1	22	21	19	2
14	4	20	12	15
18	16	11	7	13
9	17	5	24	10
23	6	8	3	25

$2 + 23 = 25$
$4 + 24 = 28$

中心に対して対称な位置
の数の和は一致しない

26から各セル内の数を引いても、もとの魔方陣を180度回転させたもの
にはなっていない

すべての奇数次の魔方陣に使える
魔方陣の「つくり方」

　前項では5次の魔方陣を紹介しましたが、6次、7次、……と次数の高い魔方陣も存在するのでしょうか？　結論からいえば、魔方陣の大きさには制限がないことが知られています。つまり、**2次以外のどんな次数の魔方陣も存在する**のです。

　次数が高くなるにつれてやや手間がかかるものの、どんな次数の魔方陣もつくることができます。なぜなら、次数が偶数か奇数かによってつくり方は違うのですが、**魔方陣のつくり方が存在するから**です。

　ここでは7次の魔方陣を例に、奇数の場合の魔方陣のつくり方が簡単であることを解説します。このつくり方は、**すべての奇数次の魔方陣に適用**できます。

　まず、いちばん上にある行の真ん中のセルに数「1」を入れます。そして、そこから右上に向かって順に数字を入れていきます。セルの外に出てしまったら、その列の反対側の端にその数字を入れます。ここがわかりにくいので、**右ページをご覧ください**。早々に2が外に出てしまうので、いちばん下の行に移動させます。続いて、「2」「3」「4」と入れます。「5」はふたたび外に出てしまうので、反対側に移します。その右上に、続けて「6」「7」……と書いていきます。

　しかし、次の「8」を書くべきところにはすでに「1」が入っています。このように、すでに数が入っていたりして進めないときは、そのすぐ下のセルに数を書き入れます。この場合は「7」の下のセルです。このようにしてセルを埋めていき、**すべてのセルが埋まれば完成**です。

なお、すべての魔方陣がこの方法で作れるわけではありません。特に、偶数次の魔方陣のつくり方は難易度が高いので、本書では割愛します。

■「7次の魔方陣」のつくり方

〈注意〉22があると仮に考える

	31	40	49	2	11	20	22
30	30	39	48	1	10	19	28	30
38	38	47	7	9	18	27	29	38
46	46	6	8	17	26	35	37	46
5	5	14	16	25	34	36	45	5
13	13	15	24	33	42	44	4	13
21	21	23	32	41	43	3	12	21
	22	31	40	49	2	11	20

❶ 最上段真ん中に「1」を入れ、右上に向かって数字を入れていく

❷ 「2」が外に出てしまうので反対側に移動する

❸ 「8」を入れようとすると「1」が入っているので、「7」の下のセルに移動する

❶〜❸の作業を繰り返すと、7次の魔方陣をつくれる

6▶7 ラテン方陣、魔星陣、立体魔方陣

魔方陣にもいろいろある

　これまで見てきた魔方陣は、「各行、各列および2つの対角線上にある数の和がすべて等しい」というふしぎな性質を持っているため「**魔**」方陣と呼ばれています。

　しかし、このようなふしぎな性質は持ちませんが、おもしろい方陣が存在します。ここではその1つ、**ラテン方陣**を解説しましょう。

　まず、**右ページ**に示した3次と4次の方陣を見てください。この2つの方陣に共通する特徴は何でしょうか？　特徴は、**各行、各列ともに、同じ数字が1回しか出てこない**ということです。このように、1からnの数を、$n \times n$個のセルに各行、各列とも重複がないように配置した方陣をラテン方陣といいます。

　ラテン方陣のつくり方は、魔方陣よりもずっと簡単です。**右ページ**をよく見れば、一般のnに対しても、同様にできることがわかるでしょう。実際、一般のラテン方陣をつくるには、いちばん上の横の列は、1, 2, 3,..., nとして、1段下がるごとに1つずつ右に（あるいは左に）数をずらしていけばいいのです。**右ページ**のようにすれば、n次のラテン方陣を導けます。

　また、「方陣」という形にこだわらないものも知られています。たとえば、**右ページ**のような星型をした**魔星陣**です。

　さらに、立方体をn^3個のセルに分割し、1からn^3までの数を配置した**立体魔方陣**も研究されています。立体魔方陣は、2次から4次までは存在しないことが知られています。存在がはじめて発表されたのは1905年で、非公式ではありますが、8次の立体魔方陣とされています。

■ ラテン方陣

3次

1	2	3
2	3	1
3	1	2

4次

1	2	3	4
2	3	4	1
3	4	1	2
4	1	2	3

各行、各列に重複がない

n次

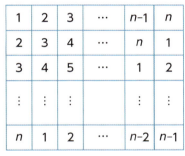

左のようにすれば何次のラテン方陣でもつくれる

■ 魔星陣

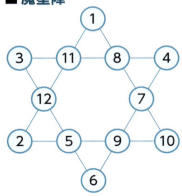

$3 + 11 + 8 + 4 = 26$
$2 + 5 + 9 + 10 = 26$
$1 + 11 + 12 + 2 = 26$
$1 + 8 + 7 + 10 = 26$
$3 + 12 + 5 + 6 = 26$
$4 + 7 + 9 + 6 = 26$

全部の辺で和が「26」になっている

六角形からなる「魔方六方陣」

魔方六方陣は「3次」しかない！

　ここでは、六角形からなる魔方陣、**魔方六方陣**を解説します。

　まず、**2次の魔方六方陣**から考えましょう。これは、**右ページ**のように7個の六角形から構成されています。そこに、1から7までの数字を置き、横方向（3種類）、斜め方向（左上から右下、右上から左下にそれぞれ3種類ずつ）の数の和がすべて等しくなっている魔方陣のことです。

　ところが、2次の場合はどうしてもうまく魔方陣ができません。たとえば、左上の数をaとすると、「右隣の数b」と「左斜め下の数c」が必ず等しくならなければならないからです（**右ページ**）。よって、2次の魔方六方陣は存在しません。

　では、**3次の魔方六方陣**はどうでしょうか？　これは、**右ページ**のように19個の六角形から構成され、そこに、1から19の数字を置き、横方向（5種類）、斜め方向（左上から右下、右上から左下にそれぞれ5種類ずつ）の数の和がすべて等しくなっている魔方陣です。

　この3次の魔方陣は、米国人のアダムスというアマチュア数学者が1910年に研究をはじめ、1957年にやっと発見したにもかかわらず、その答えを書いてある紙をなくしてしまい、答えがいったんわからなくなりました。

　しかし、5年後にようやくその紙片を発見して公にできたという、いわくつきの魔方陣です。

　その後、この**3次以外に魔方六方陣がないこと**が、**1963年**、**トリックによって証明**されました。その意味でも、3次の魔方六方陣は非常に重要なのです。

■ 2次の魔方六方陣

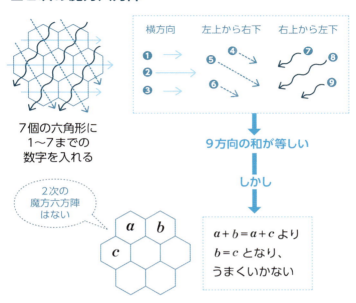

■ 3次の魔方六方陣

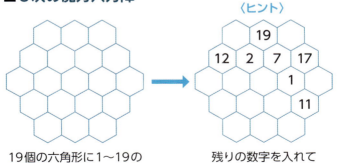

Column 6

魔方陣と「惑星」に関係がある?

 魔方陣は、そのふしぎな性質から、はるか昔より神秘的なものと考えられてきました。

 ユダヤ教の「カバラーの教え」によれば、「カメアス」と呼ばれる特別な魔方陣は、土星、木星、火星、金星、水星、そして太陽や月とも結びついていたそうです。『広辞苑(第六版)』によれば、カバラーは「ユダヤ教神秘主義の一つ。宇宙・人間を、神からの10の流出物の関係で説明する」とされています。

 この魔方陣は、土星の3×3からはじまり、木星の4×4、火星の5×5、金星の6×6、水星の7×7、太陽の8×8、そして月の9×9まで増えていきます。**天体と結びついた魔方陣は、方陣内の数を通して惑星の力をものや人に伝えると考えられ、魔除けとして使われた**ようです。

 このように、魔方陣はもちろん魔星陣も、いかにも魔術や魔除けに用いられるような形をしています。

■土星の魔方陣

写真:NASA

第 7 章
円周率「π(パイ)」の歴史

この章では、円と密接な関係にある**円周率π**について解説します。特に、πを表すいくつかの公式や、コンピュータを用いたπの桁数の追究など、**πの歴史**を少しくわしく説明します。πの歴史は、まさに数学の歴史の一角を担うともいえます。

「π(パイ)」とは何か？

円は、三角形や四角形と並んでとても身近な図形の1つです。お皿やCD、車輪など、私たちの身の回りには、円の形をしたものが無数にあります。

円の作図にはコンパスを使います。円は1つの点から等しい距離にある点をなぞってできる図形なので、コンパスが必要なのです。コンパスによって円を描いたとき、コンパスの針が置かれた点を**中心**、丸い線のことを**円周**といいます。また、中心と円周上の点を結んだ線を**半径**、半径を反対側の円周まで伸ばした線は、**直径**と呼びます。

さて、さまざまな大きさの円について、円周と直径を測ってみると、(円周)÷(直径)の値が一定であることがわかります。この値を**円周率**と呼び、πと書きます。なぜなら、円周を表す英単語peripheryの頭文字「p」のギリシャ文字が「π」だからです。あらためて式で表すと、

π ＝ 円周 ÷ 直径

となります。つまりπは、**円周の長さが直径の何倍かという値**のことなのです。また、πの値を**3.14**と多くの人は覚えているかもしれませんが、これはあくまでも**近似値**で、実際は「3.1415926…」と無限に続きます。

『πの性質と歴史』の著者であるウィリアム・L. シャーフは、「πほど神秘とロマンと誤解、そして人間の興味を呼び起こす数学記号は、たぶん他にないだろう」と語っています。極端にいえば、「**πを語ることは、数学を語ることに等しい**」ともい

えます。本章の主役はπですが、πの神秘、ロマンなどを解説していきます。

■円はいろいろなところに存在する

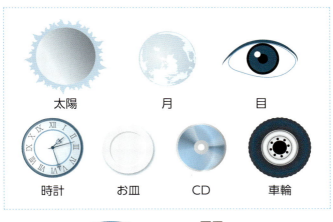

太陽　月　目

時計　お皿　CD　車輪

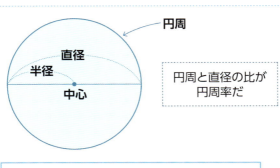

円周と直径の比が円周率だ

$$\pi = 円周率 = \frac{円周}{直径} = \frac{円周}{2 \times 半径}$$

円周を意味する「periphery」の頭文字「p」のギリシャ文字が「π」である

円周率は「3より少し大きい」と知られていた

「円周率」という考え方の起源は?

　円周の長さの直径に対する比、つまりπについての**最初の記録**は、約4000年前のエジプト、ナイル文明期にさかのぼります。紀元前、πはすでに注目されていたのです。しかし、このころはまだ、円周率という明確な言葉や、記号πはありませんでした。

　πという記号は、ウイリアム・ジョーンズ(1675～1749年)が導入し、前述のオイラーなどが18世紀中ごろに使いはじめてから広まったようです。しかし、紀元前2000年ごろのバビロニア人は、円周率のおおよその値を知っており、それを「3」または「3と$\frac{1}{8}$」と考えていました。**昔の人は円周率を「3と少し」と考えていた**ようです。

　さらに、その少し後のエジプト人は、円周率の値を、$\pi = 4 \times \left(\frac{8}{9}\right)^2$としていたようです。このことは、パピルスに記載されていて、計算すると、

　　3.16049…

となります。この値は、現在の3.14159…にかなり近い値です。

　では、どのようにして円周率の考え方が生まれたのでしょうか? これは、昔、ナイル川が頻繁に氾濫し、洪水を起こしていたからです。洪水で土地の境界が分からなくなってしまうという事態が頻発しました。

　そこで活躍したのが、**土地を測量する人々**です。彼らは、土地に杭を立て、それに縄を結び、その縄の先に別の棒を結びました。この道具で、現在のコンパスのように砂の土地の上に

円を描いたのです。**これによりできた円の直径と円周を比べ、「円周は直径の3倍より少し長い」と知ったのです。**

■ 円周率の発見

エジプト

棒と縄で円を描いて土地の境界を決めた

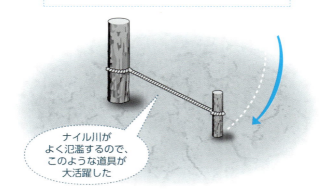

ナイル川がよく氾濫するので、このような道具が大活躍した

昔の円周率

- 紀元前2000年ごろのバビロニア

$$3 + \frac{1}{8} = \frac{25}{8} \longrightarrow 3.125$$

- その後のエジプト

$$4 \times \left(\frac{8}{9}\right)^2 \longrightarrow 3.16049\ldots$$

両方とも、現在知られているπの値（3.14159…）にかなり近い値である

正多角形で円を挟む

πの値を近似するには？

　紀元前2000年ごろのエジプト文明からはるかに時が経ち、ユークリッドが記した『原論』では、円周と直径との比が定数であることが示されています。ところが、その数値、つまり**πの値については何も解説されていませんでした。**

　実際にπの値を系統的に近似する方法を考え、実行したのは、「浮力の原理」を発見して「裸のまま風呂から飛び出した」といわれるアルキメデス（紀元前287？〜同212？年）でした。

　πの値は、**正多角形で円を挟めば近似**できます。たとえば、外接する正六角形を用いて近似する場合、**右ページ**のように、円に**内接**する正六角形の周の長さで円周の長さの下限値を出し、同様に、円に**外接**する正六角形の周の長さで円周の長さの上限値を出せばいいのです。これにより、円周の長さの近似値を求めるのです。この場合、図のように、

$$3 < \pi < 3.464\ldots$$

を得られます。正六角形の場合、エジプト文明の3.16049…に比べてかなり見劣りする値ですが、アルキメデスは、正六角形から正12角形、正24角形のように2倍、2倍と増やし、最終的に正96角形を用いて、

$$3 + \frac{10}{71} = 3.1408\ldots < \pi < 3 + \frac{1}{7} = 3.1428\ldots$$

という、きわめて精緻な値を得ました。上記2つの数の平均値は、約**3.1419**であり、**正しいπの近似値との誤差が1万分の3以下という驚異的な精度**です。

■πの近似値を求めるアルキメデスの手法

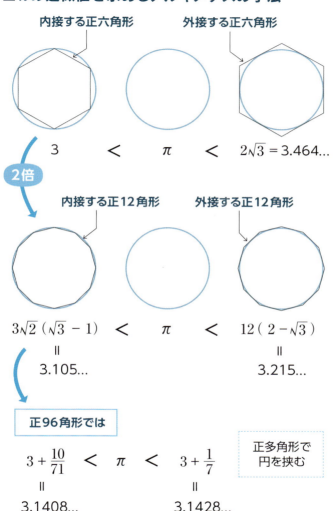

内接する正六角形　　外接する正六角形

$$3 < \pi < 2\sqrt{3} = 3.464...$$

2倍

内接する正12角形　　外接する正12角形

$$3\sqrt{2}(\sqrt{3}-1) < \pi < 12(2-\sqrt{3})$$
$$\parallel \qquad\qquad\qquad\qquad \parallel$$
$$3.105... \qquad\qquad\qquad 3.215...$$

正96角形では

$$3 + \frac{10}{71} < \pi < 3 + \frac{1}{7}$$
$$\parallel \qquad\qquad\qquad \parallel$$
$$3.1408... \qquad\qquad 3.1428...$$

正多角形で円を挟む

東洋でのπの値の追究

5世紀には100万分の1の桁まで正確に

7-2、7-3で見てきたように、エジプトやギリシャなど、中東や西洋では、紀元前という非常に早い時期からπの値が計算されていました。では、**東洋ではどうだったのでしょうか？**

紀元前の中国では、計算に「π = 3」を用いていたようです。紀元前3世紀にアルキメデスが出した結果と比べると、かなり粗い数値です。2世紀初頭の中国皇帝の臣下であった張衡（78〜139年）は生前、

$$(円の円周)^2 \div (円に外接する正方形の周囲)^2 = \frac{5}{8}$$

と書き残しています。直径を1とする円の場合、「$\frac{\pi^2}{16} = \frac{5}{8}$」という値になり、計算するとπの値は、$\sqrt{10}$（約3.162）になります。「3」に比べれば、精度は上がっています。

5世紀に宋の祖冲之（429〜500年）は、円に内接する**正24576角形**を使って、πの値をおよそ「$\frac{355}{113}$（約3.1415929）」だとしました。おそらくアルキメデスと似た手法を用いたのでしょう。

アルキメデスの正96角形に対して、正24576角形は、256（2の8乗）倍です。**現在知られている値に比べて、わずかな誤差**です。5世紀という早い時期にこのような値を得ていたのは驚きです。

日本では、たとえば和算家の関 孝和（1642?〜1708年）が、やはりアルキメデスと同様のアイデアで、円に内接する**正131072角形**の周の長さを求め、

3.14159265359　微弱

という値を得ています。

■ 中国ではどうだったか？

紀元前	主に $\pi = \boxed{3}$ が使用された
2世紀	張衡（ちょうこう）(78〜139年) $\pi = \sqrt{10} = \boxed{3.1622\ldots}$
3世紀	王蕃（おうばん）(229〜267年) $\pi = \dfrac{142}{45} = \boxed{3.1555\ldots}$ 劉徽（りゅうき） アルキメデスの手法（正3072角形） $\pi \fallingdotseq \boxed{3.1416}$
5世紀	祖沖之（そちゅうし）(429〜500年) アルキメデスの手法（正24576角形） $\pi \fallingdotseq \boxed{3.1415929}$

祖沖之の近似値は、100万分の1の桁まで正確だった

7▶ 有限から無限への大転回

5 数学史上初の「πを導く公式」

ここまで、πの近似値を求める話をしてきましたが、**アルキメデスの手法を極端に押し進めた人物**が、オランダの数学者ルドルフ・ファン・コーレン（1540〜1610年）です。時代的には 7-4 で紹介した和算家の関 孝和より少し早い時期の数学者です。

彼は円周率の計算に何年も費やし、正 15×2^{31} 角形の周を計算して、πの値を20桁まで求めました。そして、最終的に、正 2^{62} 角形の周を計算し、πの近似値を35桁まで求めたのです。この彼の偉大な仕事に敬意を表して、ドイツでは現在でもπのことを**ルドルフ数**と呼ぶことがあるそうです。

しかし、アルキメデスのような手法を「力技」で押し進めるのにはさすがに限界を感じます。たとえるなら、「陸上競技の100m走で、9秒台で多少進歩はあるものの、1秒で走る選手が現れない」のと似ています。

ところが、ルドルフと同時代に、100mを1秒で走るようなブレークスルーが起こったのです。それは、「**アルキメデスの手法を無限回繰り返すことを、うまく数式として表せたらどうなるか？**」というアイデアです。

1593年、フランスの数学者フランソワ・ヴィエート（1540〜1603年）は、πを正確に表現し、**数学史上はじめてπを導く公式を得ることに成功**しました。公式は右ページをご覧ください。

このような結果は、まさに**有限から無限への大転回**で、画期的な結果でした。この公式は実際のπの計算にはほとんど役に立たなかったようですが、以降、ジョン・ウォリス（1616〜

1703年）などによってπを導く別の公式が多数発見され、流れが大きく変わることになります。

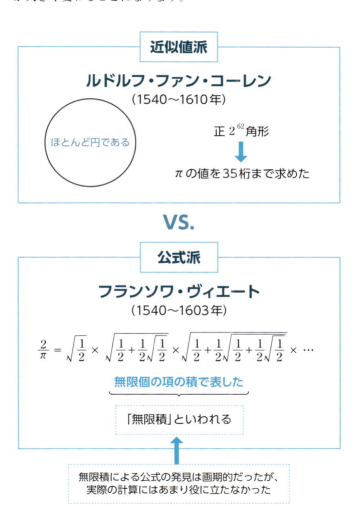

7-6 πを導くさまざまな公式

無限積タイプと無限和タイプ

　7-5で述べたフランソワ・ヴィエートの手法は、円周率πの下限値と上限値を求めるアルキメデスの手法一辺倒の歴史の中で、**πを導く公式を求める流れ**を生みました。

　最初の公式は、ヴィエートの著書『数学の諸問題・第8巻』(1593年) に記されました。その後1655年、前述のジョン・ウォリスが、円の面積を求めるのに、**無限に小さい長方形を用いることで、非常に簡単で美しい表現を実現**しました。ウォリスの公式は平方根がなく有理数だけなので、ヴィエートの公式に比べて計算が容易でした。しかし、このウォリスの公式を用いてπを近似するのは、あまり得策とはいえませんでした。なぜなら、**πへの収束が遅い**からです。

　ウォリスの公式の後、ジェームス・グレゴリー (1638～1675年)、ゴットフリート・ライプニッツ (1646～1716年) によって新しいタイプの公式が発見されました。ヴィエートやウォリスの公式が無限の**積**によって表されていたのに対し、グレゴリーとライプニッツの公式は、無限の**和**によって表されています。これにより、πへの収束はさらに遅く、3.14まで求めるのに300項の和が必要でした。

　その後、アイザック・ニュートン (1642～1727年)、ジョン・マチン (1680?～1751年)、前述のオイラーなどによって、さまざまなπの公式が発見されました。

　πの桁数を追究する試みは、**πの新しい公式が発見されるという「カンフル剤」**によって引き続き行われていきます。それについては次項で解説しましょう。

第7章 円周率「π（パイ）」の歴史

> **無限積タイプ**

1593年　ヴィエート

$$\frac{2}{\pi} = \sqrt{\frac{1}{2}} \times \sqrt{\frac{1}{2} + \frac{1}{2}\sqrt{\frac{1}{2}}} \times \sqrt{\frac{1}{2} + \frac{1}{2}\sqrt{\frac{1}{2} + \frac{1}{2}\sqrt{\frac{1}{2}}}} \times \cdots$$

1655年　ウォリス

$$\frac{\pi}{2} = \frac{2}{1} \times \frac{2}{3} \times \frac{4}{3} \times \frac{4}{5} \times \frac{6}{5} \times \frac{6}{7} \times \frac{8}{7} \times \cdots$$

> **無限和タイプ**

1670年代　グレゴリーとライプニッツ

$$\frac{\pi}{4} = 1 - \frac{1}{3} + \frac{1}{5} - \frac{1}{7} + \frac{1}{9} - \frac{1}{11} \cdots$$

オイラー

$$\frac{\pi^2}{12} = \frac{1}{1^2} - \frac{1}{2^2} + \frac{1}{3^2} - \frac{1}{4^2} + \frac{1}{5^2} \cdots$$

> 無限を使うといろいろな式で π を導ける

桁数の追究が飛躍的に進んだ

人力からコンピュータの時代へ

　人間による飽くなきπの桁数の追究は、何か恐ろしい暗部に通じるような性さえ感じてしまいます。1706年に前述のマチンが100桁まで求め、1824年にウイリアム・ラザフォードが152桁まで、1847年にトーマス・クラウゼンが249桁まで、1853年にふたたびラザフォードが440桁まで求めました。

　7-5で解説したように、1610年に亡くなったルドルフが、生涯をかけて計算したのが35桁なので、**二百数十年経って、桁数は約10倍まで増えた**ことになります。

　その後、1873年にウイリアム・シャンクスは、何と707桁まで求めています。これは、当時としては画期的な記録で、その後70年ほど破られませんでした。ところが1946年、D.F.ファーガソンは710桁まで計算し、実はシャンクスの528桁目から先は誤りであることを発見しました。その翌年、ファーガソンは、今度は卓上計算機を用い、808桁まで求めました。

　1948年、歴史上はじめてともいわれるコンピュータ、**ENIAC（エニアック）**が現れ、πの桁数を追究する人にとっても大きな出来事となりました。なぜなら1949年、ENIACを用いて早速、リトワイズナー、ノイマン、メトロポリスらが、たった70時間で2037桁まで求めてしまったからです。それから後は、**コンピュータを用いた熾烈な競争になり、桁数は飛躍的に伸びていく**ことになります。

　現在では、パソコンを使うと10万桁ぐらいを数分で計算できるような時代になりました。πの桁数を求めるというロマンの時代は、悲しいかな、もう終わってしまったのです。

■ πの桁数を計算するレース

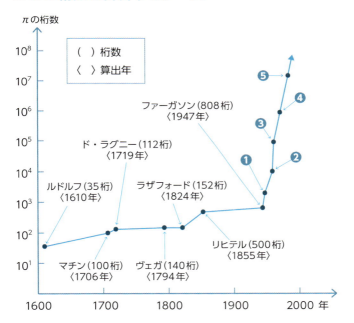

●コンピュータ登場後

※ ❶〜❺はコンピュータ名

❶	ENIAC	2037桁	1949年
❷	PEGASUS	7480桁	1957年
❸	IBM 7090	100265桁	1961年
❹	CDC 7600	約100万桁	1973年
❺	HITAC M-280H	約1678万桁	1983年

コンピュータの登場で桁数は爆発的に伸びた

πは分数で表せない無理数

7-1で、πの値は3.141592…と無限に続くことを解説しました。小数点以下が無限に続くということは、循環しない無限小数であることと同じ意味です。つまり、**πは無理数**であることになります。従って、昔の人たちが分数で表したπは、もちろん有理数ですが、**あくまでも近似値なのです**。

しかし、πの値は当然、存在しているはずですし、実数なので、数直線上にπの点をとることもできます。当然、πは数直線上では、3と4の間にあるのです。

さて、πに限らず、**分数の形に表せない数**が存在するということは、紀元前300年ごろからすでにギリシャ人には知られていました。なぜこのことが、はるか昔にわかっていたかというと、このころは、「辺の長さが1である正方形の対角線の長さをどのように表すか」が問題となっていたからです。右の図からもわかるように、1つの辺が1の正方形の対角線は、ピタゴラスの定理より長さが「$\sqrt{2}$」です。第1章で学んだように、

$$\sqrt{2} = 1.4142\ldots$$

で、無理数です。

ところで、一般的に円周率の値は「約3.14」とされていますが、目的に応じてその値を、たとえば「約3」とする場合もあるようです。近似値の、さらに近似値をとったような値ですが、実際のπの値が3.141592…と無限に続くことは、理解しておくべきです。この「単に『約3』という理解」と、「『無理数』という深い理解」の差は、それこそ**有限と無限の差くらい大きく重大**なのです。

■「π」も「√2」も無理数

正方形の対角線

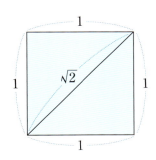

ギリシャ人は
「一辺の長さが1である
正方形の対角線の長さを
どう表すか」
で悩んでいた

$$\sqrt{2} = 1.41421356...$$

→ 分数で表せない

πの値 （小数点以下100桁まで）

3.1415926535
　8979323846
　2643383279
　5028841971
　6939937510
　5820974944 ····· まったく循環していない
　5923078164
　0628620899
　8628034825
　3421170679
　…

2πr、πr²、4πr²、$\frac{4}{3}\pi r^3$ ……

πを使った公式はいろいろある

さて、πの値は、3.1415926535…で、もちろんただ１つですが、**πを使った公式は多くあるので**、いくつか紹介しましょう。まずは、πとは切っても切れない関係にある円について見ていくことにします。以下、半径をr、円周をL、円の面積をSで表します。

まず、7-1でも登場したπの定義（π＝円周÷直径）に、上の値を代入すると、

$$\pi = \frac{L}{2r}$$

となります。これを変形すると、

$L = 2\pi r$ ……… ①

となり、**円周の長さを求める公式**が簡単に得られます。

次に、円の面積を求める公式です。円の面積Sは、

$S = \pi r^2$ ……… ②

で求められます。これは、円をいくつかの扇形に切って、それらを**右ページのように並べ替えるとよくわかります。この扇形を細かくすればするほど、並べ替えた図形は長方形に近づく**ので、円の面積＝$\frac{半径 \times 円周}{2}$ が求められるのです。これに①を代入すると②が導けます。

この他、球の表面積（$4\pi r^2$）や体積（$\frac{4}{3}\pi r^3$）を導く公式、あるいは円錐の表面積や体積を導く公式などにも、πは欠かせません。

■ 円の面積を考える

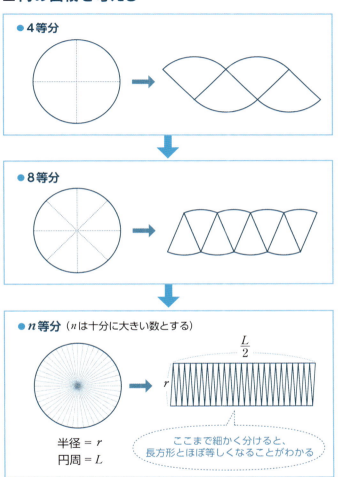

● 4等分

● 8等分

● n 等分（n は十分に大きい数とする）

半径 $= r$
円周 $= L$

ここまで細かく分けると、長方形とほぼ等しくなることがわかる

円の面積 $S = r \times \dfrac{L}{2} = r \times \dfrac{2\pi r}{2} = \pi r^2$

7 ▶ ある円と同じ面積の正方形を作図できるか?

10 「円積問題」とは何か?

ここでは、2000年以上も前から知られている難問で、多くの数学者を悩ませてきた、πにまつわる問題を紹介しましょう。

【問題】
与えられた円と面積が等しい正方形を、定規とコンパスだけで作図せよ。

これは**円積問題**と呼ばれます。このような作図が可能なのは、ここで考える図形のすべての線分の長さが、整数を係数として持つ多項式の解になるときに限られています。このような多項式の解は**代数的数**と呼ばれます。代数的数の具体例としては、$3x - 2 = 0$ の解である「$x = \frac{2}{3}$」があります。一般に、有理数はすべて代数的数です。また、$x^2 - 2 = 0$ の解は $x = \pm\sqrt{2}$ なので、無理数も代数的数になることができます。

逆に、代数的数でない数は**超越数**といわれます。**πが超越数であれば円積問題の解決は不可能**ということになります。

そして、πが超越数であることは、1882年にドイツの数学者フェルディナント・フォン・リンデマン(1852〜1939年)が証明しました。これにより、2000年という長きにわたる未解決問題が解決されたのでした。最近解決されたフェルマーの問題も高々350年ですから、いかに長い間、未解決であったかわかります。円周率πの他、**自然対数の底 e も超越数**として有名です。

なお、πが無理数であることは、その100年ほど前に、スイ

ス人の数学者ヨハン・ハインリヒ・ランベルト（1728～1777年）が証明しています。

■ 2000年間解かれなかった「円積問題」

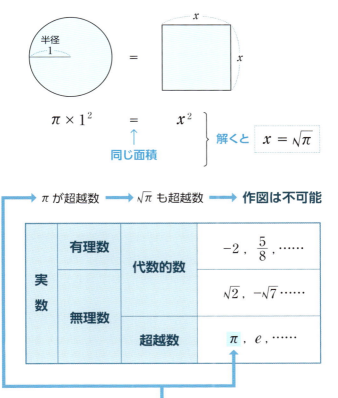

超越数は簡単に数表記できないので文字を使う。e は第8章を参照してほしい

Column 7

オンラインにある「整数列大辞典(OEIS)」

　本書では素数、三角数、平方数、完全数など、さまざまな数を扱ってきましたが、見知らぬ数列に出会ったときに、それがすでに研究されている数列なのか、あるいは、未知の数列なのかを簡単に調べる方法があります。

　それは「**オンライン整数列大辞典**(On-Line Encyclopedia of Integer Sequences)」(https://oeis.org/)と呼ばれる、数列の各項が整数であるオンラインのデータベースを使う方法です。**30万を超える数列の情報**が収められていて(2018年3月時点)、世界最大のものです。しかもありがたいことに、無料で利用することができます。

　たとえば、このサイト中央の入力画面に、素数の列「2, 3, 5, 7」を入れてみます。そうすると、素数の列「2, 3, 5, 7, 11, 13, 17, 19, 23, 29, 31, 37, 41, 43, 47, 53, 59, 61, 67, 71, 73, 79, 83, 89, 97, 101, 103, 107, 109, 113, 127, 131, 137, 139, 149, 151, 157, 163, 167, 173, 179, 181, 191, 193, 197, 199, 211, 223, 227, 229, 233, 239, 241, 251, 257, 263, 269, 271」があっという間に現れます。しかも、関連する参考文献までも、出てくるのです。実は「11, 13, 17, 19」という、途中の素数列を入力しても、同じ「2, 3, 5, 7, 11, 13,...」が出てくる「すぐれもの」です。

　皆さんも、いろいろな数列を入力してみましょう。本書で扱った数列の最新情報が入手できるかもしれません。

第**8**章

煩雑な計算を簡単にした「指数」と「対数」

最後の章では、**指数**と**対数**について説明します。特に、その誕生の要因となった、大きな数の**掛け算・割り算**の煩雑さを、**足し算・引き算**の簡便さに帰着させたアイデアをていねいに解説します。いったん理解すると、対数の誕生が自然のことと思えるでしょう。

8▶ 対数は面倒な計算を避けるために生まれた

「足し算」は「掛け算」より簡単

本章では**指数**と**対数**について解説します。まずは導入として、次のことを考えてみてください。

> 【質問】
> 我々が日常生活でよく用いる計算に**足し算**と**掛け算**があります。どちらの計算が簡単でしょうか?

非常に大ざっぱな質問ですが、もちろん、**同じ2桁の数であれば、足し算のほうが、掛け算より簡単**でしょう。

たとえば、「12 + 13 = 25」は、すぐに暗算できますが、「12 × 13 = 156」は、紙を使って筆算するか、電卓を使う人が多いのではないでしょうか?

この、一見当たり前のような考察が、実は非常に革新的な計算方法を生み出しました。対数の「発明者」として最もふさわしい人物、ジョン・ネイピア(1550〜1617年)が述べた次の言葉に耳を傾けてみましょう。

> 「大きな数の掛け算、割り算、……。これらほど数学的取り扱いが煩わしくて、計算をする人達を悩ませ困らせるものはないと分かったので、確かで敏速な技術を使ってこの困難を取り除くことができないかと私は考えはじめた」　　『素敵な対数表の解説』(1614年)

ネイピアは、大きな数の**掛け算を足し算**に、また大きな数

の**割り算を引き算**に帰着させて、煩雑な計算を容易にするために対数を導入したのです。

■ 対数の「発明者」ネイピア

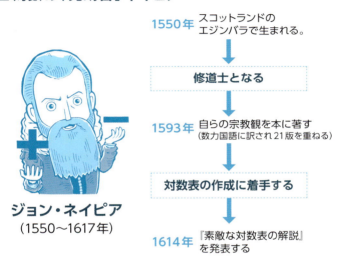

ジョン・ネイピア
（1550〜1617年）

1550年 スコットランドの
エジンバラで生まれる。

修道士となる

1593年 自らの宗教観を本に著す
（数力国語に訳され21版を重ねる）

対数表の作成に着手する

1614年 『素敵な対数表の解説』
を発表する

■ 対数のねらい

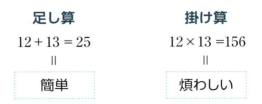

足し算
12 + 13 = 25
＝
簡単

掛け算
12 × 13 = 156
＝
煩わしい

煩雑な掛け算を、比較的簡単な計算である足し算を用いて簡単にするために対数が生まれた

掛け算より足し算のほうが簡単な理由

「等比数列」とは何か？

ここでは、なぜ「掛け算より足し算のほうが簡単なのか？」ということを解説します。これにより、**対数を理解しやすくなる**からです。

まず、次の数列を見てください。

　1, 2, 4, 8, 16, 32, …

この数列には、ある特定の関係があります。おわかりでしょうか？　そう、以下のように、**直前の数字を2倍すると次の数字になる**のです。

$$1 \times 2 = 2$$
$$2 \times 2 = 4$$
$$4 \times 2 = 8$$
$$8 \times 2 = 16$$
$$16 \times 2 = 32$$
$$\vdots$$

この性質は、次のように言い換えることもできます。

$$\frac{2}{1} = \frac{4}{2} = \frac{8}{4} = \frac{16}{8} = \frac{32}{16} = 2$$

つまり、**直前の数字との比がいつも等しい数の列**です。上の式では、比が「2」で等しくなっています。

このように、連続する2つの数の比が等しく一定であるような数の列のことを**等比数列**（**幾何数列**）と呼び、その比は特に**公比**といわれます。この例の公比は「2」です。

■ 等比数列

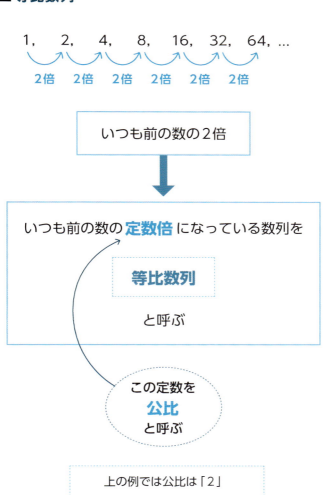

掛け算が足し算になる

「指数の和」とは何か？

ここでは、「1, 2, 4, 8, 16, 32, ...」という、**公比2の等比数列に現れる数字どうしの掛け算**を考えてみます。

たとえば、

8×32

のような掛け算です。もちろん、

$8 \times 32 = 256$

が答えですが、この掛け算を直接計算せず、**足し算に直して計算する方法**があります。これがまさに、対数を導入したネイピアの考え方です。すなわち、**指数を使って「2の何乗」という形で8や16を表す**のです。

$8 = 2^3$, $32 = 2^5$

このときの「2」の肩に乗っている「3」や「5」は「指数」と呼ばれます。

$8 \times 32 = 2^3 \times 2^5$

ですが、**累乗の法則**から、

$2^3 \times 2^5 = 2^8$

とわかります。すなわち、「2を3回掛けた数」×「2を5回掛けた数」は、「2を8回掛けた数に等しい」ということです。ここで、2の肩の指数だけに着目すると、

$$3 + 5 = 8$$

という足し算をしているにすぎないことがわかります。このように「**掛け算が足し算に変身してしまう**」ことが、ここでの最重要ポイントです。

■ 指数を使えば掛け算が足し算になる

> **公比「2」の等比数列**
>
> 1,　2,　4,　8,　16, 32, 64, 128, 256, …
> ‖　‖　‖　‖　‖　‖　‖　‖　‖
> 2^0　2^1　2^2　2^3　2^4　2^5　2^6　2^7　2^8　…

〈例〉　$8 \times 32 = 2^3 \times 2^5$

$= \underbrace{(2 \times 2 \times 2)}_{\text{2を3回掛ける}} \times \underbrace{(2 \times 2 \times 2 \times 2 \times 2)}_{\text{2を5回掛ける}}$

$= \underbrace{2 \times 2 \times 2 \times 2 \times 2 \times 2 \times 2 \times 2}_{\text{2を8回掛ける}}$

$= 2^8 = 256$

> **実際の計算は「指数どうしの足し算」**
>
> $2^3 \times 2^5 = 2^{3+5} = 2^8$

ここで掛け算が
足し算になる

指数どうしを「引き算」する

「引き算」は「割り算」より簡単

これまでの話を**割り算**にも拡張してみましょう。等比数列の1つの項に、もう1つの項を**掛ける**計算について見てきましたが、同様に**割る**計算についても見てみます。たとえば、

$$8 = 2^3,\ 32 = 2^5$$

の例で考えてみましょう。

$$32 \div 8 = 2^5 \div 2^3$$

ですが、**累乗の法則**から、

$$2^5 \div 2^3 = 2^2$$

とわかります。すなわち、「2を5回掛けた数」÷「2を3回掛けた数」は、「2を2回掛けた数に等しい」ということです。つまり、「2」の肩の指数だけに着目すると、

5−3＝2

という「**引き算**」をしているにすぎないのです。「**割り算が引き算に変身**」しています。また、逆に、

$$8 \div 32 = 2^3 \div 2^5$$

の計算も、累乗の法則から、

$$2^3 \div 2^5 = 2^{-2}$$

となることがわかります。ここで、

$$2^{-2} = \left(\frac{1}{2}\right)^2$$

となることも確認しておきましょう。

■ 指数を使えば割り算が引き算になる

> **公比「2」の等比数列**
>
> 1,　2,　4,　8,　16,　32,　64,　128,　256, …
> ‖　‖　‖　‖　‖　‖　‖　‖　‖
> 2^0　2^1　2^2　2^3　2^4　2^5　2^6　2^7　2^8　…

〈例〉　$32 \div 8 = 2^5 \div 2^3$

$$= \frac{2 \times 2 \times 2 \times 2 \times 2}{2 \times 2 \times 2}$$

$$= 2 \times 2$$

$$= 2^2$$

$$= 4$$

> **実際の計算は「指数どうしの引き算」**
> $2^5 \div 2^3 = 2^{5-3} = 2^2$

今度は割り算が引き算になっている

「等比数列」と「等差数列」

8 ▶ 「等しい比（等比）」と「等しい差（等差）」

ここまで、公比が「2」の数列を考えてきましたが、一般の公比「a」の場合を考え、整理してみましょう。

一般の指数 m、n（m、n は整数とします）の場合で考えると、以下が成立します。これは**指数法則**とも呼ばれます。

$a^m \times a^n = a^{m+n}$

$a^m \div a^n = a^{m-n}$

※ただし、「$a^0 = 1$」であることに注意。

これで、等比数列に現れる2つの数字に対して「掛け算→足し算」「割り算→引き算」の関係が成立することがわかりました。このように見ていくと、等比数列に現れる2つの数どうしの掛け算、割り算は、**指数だけに着目すると、数列に現れる2つの数どうしの足し算、引き算を考えればよい**ことがわかります。

$$\ldots, a^{-3}, a^{-2}, a^{-1}, a^0, a^1, a^2, a^3, \ldots \quad \cdots\cdots ①$$
$$\quad\ \ \downarrow\ \ \ \downarrow\ \ \ \downarrow\ \ \ \downarrow\ \ \ \downarrow\ \ \ \downarrow\ \ \ \downarrow$$
$$\ldots,\ -3,\ -2,\ -1,\ \ 0,\ \ 1,\ \ 2,\ \ 3,\ \ldots \quad \cdots\cdots ②$$

上の①は等比数列ですが、②の数列は連続する2項の差が等しい（一定）なので、等比数列に対し**等差数列**と呼ばれます。その差は特に**公差**といわれます。この場合は公差が「1」です。

このように、指数が**整数**の場合、掛け算が足し算に、割り算が引き算に対応することは、ドイツ人数学者マイケル・シュティーフェルが『算術体系』（1544年）の中で指摘しています。

これに対し、次の項で解説するように、ネイピアのアイデア

は、今まで整数しか考えられなかった指数の計算を、整数以外の実数でも考えることでした。

■ 指数法則

$$a^m \times a^n = a^{m+n}$$

$$a^m \div a^n = a^{m-n}$$

上の法則を見ても

「掛け算 → 足し算」 「割り算 → 引き算」

になるのは明らか

■ 等比数列の中の等差数列

公比 a の等比数列

$\ldots,\ a^{-3},\ a^{-2},\ a^{-1},\ a^0,\ a^1,\ a^2,\ a^3,\ \ldots$

指数だけに着目する

$\ldots,\ -3,\ -2,\ -1,\ 0,\ 1,\ 2,\ 3,\ \ldots$

等差数列が得られる

8 ▶ すべての正の実数を底の累乗で表したい

ネイピアの斬新なアイデア

ネイピアは次のように考えました。

> 「もしすべての正の実数を、ある与えられた数(のちに底と呼ばれる)の累乗として表せたら、正の実数どうしの掛け算は足し算になり、また割り算は引き算になるので、計算が容易になるだろう」

ここまで解説してきたことは、たとえば、

$$\ldots, 2^{-3}, 2^{-2}, 2^{-1}, 2^0, 2^1, 2^2, 2^3, 2^4, \ldots$$

※ $2^0 = 1$

のように、飛び飛びの値(数直線上では連続でない)には利用できるものの、すべての正の実数に利用できるわけではありませんでした。ネイピアはこれを「**すべての正の実数に対して実行するにはどうしたらよいか**」を模索したのです。

このことをもう一度、「2」の累乗で考えてみましょう。つまり**底が2の場合**です。

たとえば、右ページのように2の累乗に関する表を用意します。2^n の $n = -3, \ldots, 10$ です。ここで、「8×64」を計算したいとしましょう。まず、「8」と「64」に対応する指数を表から探します。

すると、それぞれ「3」と「6」であることがわかります。指数の世界では、掛け算が足し算になるので、「$3 + 6 = 9$」となります。今度は指数が「9」となる数字を、表から探すと、求める数は「512」であることがわかります。

■2の累乗に関する表

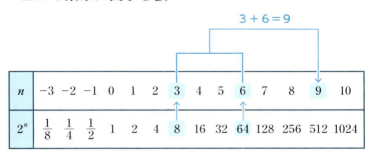

〈例〉　　$8 \times 64 = 2^3 \times 2^6$　……　❶

$ = 2^{3+6}$
$ = 2^9$　　　……　❷

$ = 512$　　　……　❸

❶ 「8」「64」が表から「2^3」「2^6」とわかる

❷ 指数の法則から、掛け算を足し算に変換して計算する

❸ 表から「2^9」が「512」だとわかる

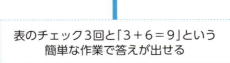

底が「2」限定では実用的ではない
ネイピアは底を「0.9999999」とした

8-6の計算を、さらに別の場合で考えてみましょう。

これまでと同様に、**右ページのような2の累乗に関する表を**用意します。2^nの$n = -3, \ldots, 10$です。

今度は「$\frac{1}{4} \times 64$」を計算したいとします。

8-6と同様に、「$\frac{1}{4}$」と「64」に対応する指数を、表から探してみましょう。それぞれ「-2」と「6」であることがわかります。掛け算は指数の世界では足し算になるので、「$(-2) + 6 = 4$」となります。従って、今度は逆に、指数が「4」となる数字を表から探します。

すると、求める数は「16」だとわかります。

この計算は「$64 \div 4$」としても同じです。割り算は指数の世界だと引き算になるので「$6 - 2 = 4$」となり、当然、同じ答え「16」が得られます。

次の例として、「4^3」を計算しましょう。まず、「4」に対する指数「2」を求めます($4 = 2^2$)。この2を3回足すと(2に3を掛けると)「6」が得られます。指数が「6」である数字を表から探すと「64」だとわかり、正しい答えを得られます。

このような計算は楽ですが、底が「2」に限られているため実用的ではありません。**実用的にするには、実数を計算できなくてはなりませんが、ネイピアはそれに成功**します。

では、ネイピアは底の数としてどんな数を採用したのでしょうか? 彼は試行錯誤の末、なんと底を「**0.9999999**」に定めたのです。すなわち「$1 - 10^{-7}$」です。

その理由は次項で解説しましょう。

■ 2の累乗に関する表

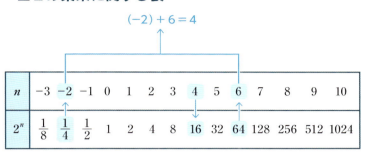

〈例〉 $\dfrac{1}{4} \times 64 = 2^{-2} \times 2^6$ $64 \div 4 = 2^6 \div 2^2$

$\phantom{\dfrac{1}{4} \times 64} = 2^{(-2)+6}$ $ = 2^{6-2}$

$\phantom{\dfrac{1}{4} \times 64} = 2^4 = 16$ $ = 2^4 = 16$

上の2の累乗の表では「3」や「5」を計算できない
これでは実用的ではない

そこで、ネイピアは、
より多くの数を計算できるように、

$$0.9999999^n = (1 - 10^{-7})^n$$

の表を作成した。
その理由は次項で解説する

1にきわめて近い数がよい

なぜ「0.9999999」を採用したのか?

さて、ネイピアはなぜ「0.9999999」——すなわち、「$1-10^{-7}$」というふしぎな数を選んだのでしょうか?

驚くべきことに、ネイピアは彼の人生の20年間を捧げ、前項で紹介した「2の累乗の表」に対応する**0.9999999の累乗の表**を完成させたのです。実際に彼が作成した表の最初の101個の項は、

$$10^7 = 10000000$$

ではじまり、次は

$$10^7(1-10^{-7}) = 9999999$$
$$10^7(1-10^{-7})^2 = 9999998$$

と続いて、最後は

$$10^7(1-10^{-7})^{100} = 9999900$$

で終わります。

細かい点に注意すると、たとえば2番目の数は、正確には「$10^7(1-10^{-7}) = 9999999.0000001$」となるのですが、小数点以下は無視しています。

ネイピアが$0.9999999 = 1-10^{-7}$という数を採用した理由は、上記の3つの例でわかるように、**「1」にきわめて近い数は累乗表が小刻みに増減し、しかも増減の量の変化をきわめて小さくできるからです**。実際、彼の場合は、0.9999999を採用することにより、莫大な数の整数を表すことに成功しました。

■ $0.9999999 = 1 - 10^{-7}$ の累乗の表

ネイピアは1594年から1614年の20年間を、
$0.9999999 = 1 - 10^{-7}$ の累乗の表の作成に費やし、
10000000以下の整数をすべて、
「$10^7 \times (1 - 10^{-7})^n$」の形で表現しようとした

● $0.9999999 = 1 - 10^{-7}$ の累乗の表

$$10^7 \times (1 - 10^{-7})^0 = 10000000$$
$$10^7 \times (1 - 10^{-7})^1 = 9999999$$
$$10^7 \times (1 - 10^{-7})^2 = 9999998$$
$$10^7 \times (1 - 10^{-7})^3 = 9999997$$
$$\vdots$$

〈例〉　9999999×9999998

$\fallingdotseq 10^7 \times (1 - 10^{-7})^1 \times 10^7 \times (1 - 10^{-7})^2$

$= 10^{14} \times (1 - 10^{-7})^{(1+2)}$

$= 10^{14} \times (1 - 10^{-7})^3$

$= 10^7 \times 9999997$

掛け算 → 足し算

これはおよその値だが、
上の表を用いればとても簡単に計算できる

$N = a^L$、$L = \log_a N$

「対数」とは何か？

20年間にわたり、ネイピアは、紙とペンだけで数表の作成という大仕事をなしとげました。このあと、彼は各累乗の指数を**対数**（logarithm）と呼びました。この対数は**比の数**（比 = logo、数 = arithmos）を表す言葉です。つまり、

$$N = 10^7(1 - 10^{-7})^L$$

のときの指数 L は、数 N の（ネイピアの定めた）対数です。この定義は、現在使われているものとは若干異なります。現在使われている定義では、a を1以外の正の数とすると、

$$N = a^L$$

のとき、「**指数 L は数 N の（a を底とする）対数**」と呼ばれるからです。このとき、この対数 L を以下のような記号で表します。

$$L = \log_a N$$

「$\log_a N$」は「**ログ・エー・エヌ**」と読みます。「$a = 1$」の場合を除外しているのは、$a = 1$ のとき、N は「1」しか取れないからです。また、$N = a^L$ と $L = \log_a N$ は、それぞれ逆関数の関係にあります。現在使われている上記のような記法は1728年、オイラーによって導入されましたが、その約1世紀前、ネイピアは本質的に対数の考え方に達していました。

現在、我々が**底として最も頻繁に採用している数**は2つあります。1つは「10」で、**常用対数の底**と呼ばれています。もう1つが「e」という数で、こちらは**自然対数の底**といわれています。

第8章 煩雑な計算を簡単にした「指数」と「対数」

■ネイピアの対数と現在の対数

> **ネイピアの対数**
>
> $N = 10^7(1-10^{-7})^L$
>
> の「L」が対数である

- 掛け算の概算には有効
- 近似値を使うので解析には不適

底を一般化

⬇

> **現在の対数**
>
> $N = a^L \ (a > 0, \ a \neq 1)$
>
> L は N の(a を底とする)対数である
>
> $L = \log_a N$

現在の対数で底としてよく採用されるのは「10」と、次に登場する「e」である

単利法と複利法で考える

「e」とはどんな数か ①

　自然対数の底eは、**2.71828...** という複雑な数ですが、数学においては常用対数よりも圧倒的に多く使われます。その理由を解説するために、まず、身近な金利の話で「eがどのような数か」を説明しましょう。

　金利には大きく分けて**単利**と**複利**があります。まず、元金P円を年利率r（5%のときは$r = 0.05$とします）でt年預けたとき、**単利法**での元利合計Sは、利息が「$P × r × t$」で与えられます。

$$S = P + Prt = P(1 + rt)$$

　一方、元金P円を年利率rでt年預けたとき、**複利法**での元利合計Sは、以下で表されます。**eと関係があるのは複利です。**

$$S = P(1 + r)^t$$

　たとえば、年5%の複利がつく口座に10万円の元金を預けると、1年後の残高は、単利法と同じ

$$S = 100{,}000(1 + 0.05)^1$$

で105,000円です。次の年は、この105,000円を元金として考えるので、2年後には

$$\begin{aligned} S &= 100{,}000(1 + 0.05)^1(1 + 0.05) \\ &= 100{,}000(1 + 0.05)^2 \end{aligned}$$

で、110,250円となります。単利法では110,000円なので、250円得することになります。同様の計算をすると、3年後には複

利が762.5円の得となり、**ますます複利のほうが有利**になっていきます。次の項で、この関係をもう少しくわしく見ていきましょう。

■ 単利法と複利法

> 元金P円、年利率rのt年後の
> 元利合計Sを、単利と複利で計算する

	単利法	複利法
1年後	$S = P + Pr$ $= P(1+r)$	$S = P + Pr$ $= P(1+r)$
2年後	$S = P(1+r) + Pr$ $= P(1+2r)$	$S = P(1+r)(1+r)$ $= P(1+r)^2$
3年後	$S = P(1+2r) + Pr$ $= P(1+3r)$	$S = P(1+r)^2(1+r)$ $= P(1+r)^3$
↓	↓	↓
t年後	$S = P(1+rt)$	$S = P(1+r)^t$

8-11 「e」とはどんな数か ②

単利法は等差数列に、複利法は等比数列になる

8-10で紹介したように、元金P円を年利率rでt年預けたとき、単利法、複利法での元利合計Sは、それぞれ以下で求められます。

$S = P(1+rt)$ …… **単利法**
$S = P(1+r)^t$ …… **複利法**

8-10で見たように、具体的に$r = 0.05$とすると、単利法の元利合計は毎年5,000円ずつ増え、次の**等差数列**を得られます。

100,000円, 105,000円, 110,000円, 115,000円, …

一方、複利法の元利合計は、公比1.05の**等比数列**になって、次のように増えることがわかります。

100,000円, 105,000円, 110,250円, 115,762.5円, …

指数、対数と関係が深いのは等比数列なので、複利についてもう少し見てみましょう。1年に1度ではなく、「数回利息を加算する銀行」の場合について考えてみます。たとえば、年利率5%で半年ごとの複利のときには、年利の半分の2.5%を半年ごとの利率として採用します。この場合、1年後の元利合計は、

$100,000 \times (1.025)^2 = 105,062.5$円

となり、**1年複利よりも62.5円得する**ことになります。さらに、$\frac{1}{4}$年（3カ月）ごとに、年利の$\frac{1}{4}$の1.25%の複利で計算すると、1年後の元利合計は、

$$100{,}000 \times (1.0125)^4 \fallingdotseq 105{,}094.53 \text{ 円}$$

となり、**1年複利より約95円得する**ことになります。では、この操作を続けると、いくらでも得をし続けるのでしょうか？

■ 数列との対応

単利法

$$P,\ P+Pr,\ P+2Pr,\ P+3Pr,\ \ldots$$

差Pr　差Pr　差Pr　差Pr

公差Prの 等差数列 になっている

複利法

$$P,\ P(1+r),\ P(1+r)^2,\ P(1+r)^3,\ \ldots$$

$(1+r)$倍　$(1+r)$倍　$(1+r)$倍　$(1+r)$倍

公比$(1+r)$の 等比数列 になっている

> 指数と対数は等比数列と関係が深いので、複利法を考える上でも欠かせない

受け取り回数を無限に増やしても大もうけできない

「e」とはどんな数か ③

8-11での計算を一般化してみましょう。

1年に1度ではなく、利率 $\frac{r}{n}$ で、n 回の複利計算をすると、元金が P のとき、t 年後の求めたい元利合計の式は、以下のとおりです。

$$P \times \left\{1 + \left(\frac{r}{n}\right)\right\}^{nt}$$

1年後の $t=1$ の場合に、その元利合計を計算した結果は右ページのとおりです。この表の結果を見ると、**n を大きくすると、元利合計の差はだんだん小さくなっている**ように見えます。利息を受け取る間隔を「1年」→「半年」→「3カ月」→「1カ月」→「1週間」→「1日」と短くしていっても、**受け取れる元利合計はさほど増えない**ということです。

わかりやすくするために、P、r、t がすべて「1」の場合について考えてみましょう。

以下のようになります。

$$\left\{1 + \left(\frac{1}{n}\right)\right\}^{n}$$

ここで、n を大きくしたときの**右ページ**の結果を見ると、n が大きくなるにつれて「2.71828…」に近づいています。**無限大に発散しているわけではありません。n を大きくすると、「2.71828…」に近づく**のです。このことは証明されていますが、本書では割愛します。

そして、この**極限の値こそ、自然対数の底**と呼ばれる「e」なのです。

■ 利息を受け取る回数を増やせば無限に得をするか？

● 元金 $P = 100,000$ 円、利率 $r = 0.05$ のとき

利息を 受け取る間隔	n(回)	$\dfrac{r}{n}$	S(円)
1年	1	0.05	105,000
半年	2	0.025	105,063
3カ月	4	0.0125	105,095
1カ月	12	0.0041667	105,116
1週間	52	0.0009615	105,125
1日	365	0.0001370	105,127

● 元金 $P = 1$、回数 $r = 1$、年 $t = 1$ のとき

n	$\left(1 + \dfrac{1}{n}\right)^n$
1	2
2	2.25
3	2.37037
4	2.44141
5	2.48832
10	2.59374
100	2.70481
1000	2.71692
10000	2.71815
100000	2.71827
1000000	2.71828
↓	↓
∞	e

回数 n を
いくら大きくしても、
ある値 e に
近づくだけ

8 ▶ 13 微分・積分と密接に関係する「e」

指数関数や対数関数の微分・積分で頻出

8-12で登場した自然対数の底 e の**2.71828...** という数は、指数関数や対数関数を微分したり、積分したりするときによく登場します。微分や積分ができれば、さまざまな解析が可能となるからです。

解析学がよく使われる数学の世界では、先の常用対数よりも自然対数のほうが重宝されます。8-12で「n を限りなく大きくして、ある幅を細かく分けていく」というのは、実は**微分的な分析**をしていたわけです。このように2.71828...は、指数・対数の微分・積分と密接に関わっています。

ところで、2.71828...が**無理数**であることは、前述のオイラーが1737年に証明しました。無限に続くので小数では書き切れず、どうしても表記したければ、どこかの桁をごまかさないとダメです。

しかも、$\sqrt{2}$（1.41421356...）のように、整数を係数に持つ多項式の解にもなっていない**超越数**なので、$\sqrt{}$ のような単純な記号を有限個用いて表記することもできません。

$\sqrt{2}$ は $x^2 - 2 = 0$ の解ですから、こういう数は無理数であっても、**代数的数**と呼ばれることは第7章で解説したとおりです。ちなみに、第7章で解説した π も超越数でした。

とはいえ、毎回2.71828...と書いていては面倒なので、e と表記されているのです。

この e は、オイラーが前述のゴルドバッハ（3-11参照）へ送った手紙（1731年）以来、使われていますが、オイラー（Euler）の頭文字を取っているようです。

■ 微分・積分で重宝する e

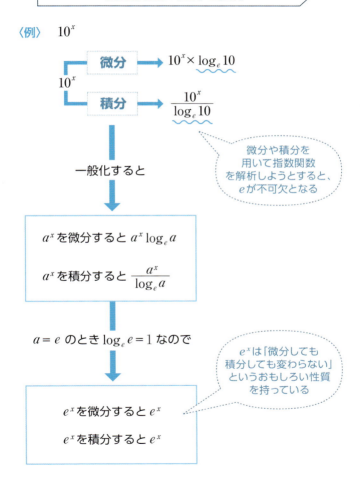

Column 8

シャルル・エルミートの悔恨

自然対数の底 e が超越数であることを証明したのは、19世紀後半、さまざまな分野ですばらしい業績を上げたフランスの数学者**シャルル・エルミート**（1822～1901年）です。時に1873年のことでした。人々は彼がその勢いに乗じ、「π が超越数である」ことを証明するのも時間の問題だと考えていました。

しかし、彼自身は、「π の証明は e の証明に比べて、はるかに困難である」と考えていたのです。

ところが、エルミートによる証明のわずか9年後に、ドイツの数学者である前述のリンデマン（7-10 参照）が、エルミートの方針に従い、π が超越数であることを示し、**2000年来の超難問だった円積問題を解いてしまいました**。

そのとき、エルミートは60歳、リンデマンは彼の半分の年齢、若干30歳でした。エルミートはさぞかし悔しかったに違いありません。

エルミート

写真：ウィキペディア

1873年　エルミートが「e が超越数である」ことを証明する

1882年　「π が超越数である」ことの証明はリンデマンに先を越される

おわりに

　夜に輝く星を眺めると、「我々、人類だけが、宇宙の中でも特別な存在なのか」と、ふと思うときがあります。

　本書では、夜空にまたたくさまざまな星のごとく、種々の**数**について解説してきました。具体的には、**0（ゼロ）、素数、完全数、友愛数、社交数、図形数、円周率、対数**などです。

　実は前世紀から、「地球外の知的生命体による宇宙文明を発見する」という世界的規模のプロジェクト・**地球外知的生命体探査**が、電波望遠鏡などを用いて行われています。

　数のことに触れるとき、地球外文明のことが頭から離れませんでした。なぜなら、どうして人類が素数に興味を持ち、さまざまな性質や構造を発見してきたのか、不思議でならなかったからです。さらに、疑問は続きます。

　「仮に地球外知的生命体がいたとしたら、素数について深く研究しているのだろうか」「我々の素数に関する未解決問題は、解決してしまっているのだろうか。例えば、双子素数が無限個存在するという予想を肯定的に証明してしまっているのだろうか」——興味が尽きることはありません。

　夜空を眺め、耳を澄ますと、ひょっとしたら、数に関する秘密のメッセージを受け取ることができるかもしれません。

　もしそんな素敵なことが起こったら、こっそり教えてください。

出会ったころのニックネームがUFOだった妻との
結婚30周年記念日に

2018年8月8日　今野 紀雄

《 主 な 参 考 文 献 》

高木貞治／著『初等整数論講義(第2版)』、共立出版、1971年
高木貞治／著『代数学講義(改訂新版)』、共立出版、1965年
野崎昭弘／著『πの話』、岩波書店、1974年
M.ラインズ／著、片山孝次／訳『数—その意外な表情』、岩波書店、1988年
E.マオール／著、伊理由美／訳『不思議な数eの物語』、岩波書店、1999年
デビッド・ブラットナー／著、浅尾敦則／訳『π[パイ]の神秘』、アーティストハウス、1999年
吉田洋一／著『零の発見』、岩波新書、1956年
小倉金之助／著『日本の数学』、岩波新書、1940年
志賀浩二／著『無限のなかの数学』、岩波新書、1995年
上野健爾／著『円周率πをめぐって』、日本評論社、1999年
上野健爾／著『複素数の世界』、日本評論社、1999年
佐藤肇・一楽重雄／共著『幾何の魔術〜魔方陣から現代数学へ〜』、日本評論社、1999年
堀場芳数／著『円周率πの不思議』、講談社、1989年
堀場芳数／著『虚数iの不思議』、講談社、1990年
堀場芳数／著『対数eの不思議』、講談社、1991年
堀場芳数／著『ゼロの不思議』、講談社、1992年
堀場芳数／著『素数の不思議』、講談社、1994年
矢野健太郎／著『数学の発想』、講談社、1971年
数学セミナー増刊『100人の数学者』、日本評論社、1989年
小林昭七／著『円の数学』、裳華房、1999年
金田康正／著『πのはなし』、東京図書、1991年
国元東九郎／著『算術の話』、文藝春秋社、1928年
ポール・ホフマン／著、平石律子／訳『放浪の天才数学者エルデシュ』、草思社、2000年
H.D.エビングハウス他／著、成木勇夫／訳
　　　　　　　　　　　　　　『数<上>』、シュプリンガー・フェアラーク東京、1991年
ベングト・ウリーン／著、丹羽敏雄・森 章吾／共訳
　　　　　　　　　　　　　　『シュタイナー学校の数学読本』、三省堂、1995年
エンツェンスベルガー／著、丘沢静也／訳『数の悪魔』、晶文社、1998年
アイヴァース・ピーターソン／著、今野紀雄／監訳、高橋佐良人／訳
　　　　　　　　　　　　　　『カオスと偶然の数学』、白揚社、2000年
J.H.Conway and R.K.Guy, *The Book of Numbers*, Springer-Verlag, 1995

■**編集協力**　　野澤文武

■ 魔方六方陣
(135ページの答え)

索　引

数・英

10進法	10
4乗数	116、117
60進法	10
CDC 7600	151
ENIAC	150、151
HITAC M-280H	151
IBM 7090	151
PEGASUS	151

あ

アルキメデス	142～148
インドアラビア数字	32、34、36、39、40、44、45
エジプト文明	10、11、142
エマープ	72

か

回文素数	72
カバラー	136
カメアス	136
幾何数列	162
虚数	28、29
近似値	138、142、145～147、152、177
楔形文字	10、11
原論	50～52、82、142
公差	168、181
合成数	52、57、61～63、68、69、82
公比	162～169、180、181
ゴルドバッハ分解	70、71

さ

最小公倍数	18、19
最大公約数	18、19
指数法則	168、169
自然対数の底	156、176、178、182、184、186
象形文字	10、11
小方陣	126、127
常用対数の底	176
関 孝和	144、146
素因数分解	50、51、74、85、86、91
素数定理	55
素な素数	72、73

た

代数的数	156、157、184
単利	178、179
超越数	156、157、184、186

な・は

ナイル川	140、141
背理法	52、53
パピルス	140
バビロニア人	10、140
ピタゴラスの定理	24、25、152
複利	178～181
ベン図	40、41

ま

魔星陣	132、133、136
三つ子素数	56、57
無限集合	12
メソポタミア文明	10、11
メルセンヌ素数	62、64～67、80

や

有限集合	12
四つ子素数	56

ら

ラテン方陣	132、133
立体魔方陣	132
累乗の法則	164、166
ルドルフ数	146

内側も外側もない「クラインの壺」ってどんな壺？
「宇宙の形」は1本の「ひも」を使えばわかる？

『ざっくりわかるトポロジー』

名倉真紀・今野紀雄

本体価格
1,000円

トポロジーは「柔らかい幾何学」「ゴムの幾何学」とも言われ、「連続性」が重要視される数学の一分野です。「球」「正四面体」「立方体」などを同じ物とみなし、「形」にとらわれず、物体がもっている本質を見きわめようとするのが特徴です。逆に「穴の有無」「穴の数」などには厳密にこだわり、球とドーナツは違う物とみなします。なぜなら、球には穴がなく、ドーナツには穴があるからです。本書ではこのような「トポロジー」をゼロから図解していきます。

第1章　トポロジーって何？	第6章　埋め込み図形とはめ込み図形
第2章　グラフって何だろう？	第7章　基本群を知る
第3章　位相不変量を知る	第8章　結び目の不変量
第4章　写像とは何か？	第9章　曲面の幾何
第5章　多様体とは何か？	第10章　宇宙ってどんな形？

サイエンス・アイ新書 発刊のことば

「科学の世紀」の羅針盤

　20世紀に生まれた広域ネットワークとコンピュータサイエンスによって、科学技術は目を見張るほど発展し、高度情報化社会が訪れました。いまや科学は私たちの暮らしに身近なものとなり、それなくしては成り立たないほど強い影響力を持っているといえるでしょう。

　『サイエンス・アイ新書』は、この「科学の世紀」と呼ぶにふさわしい21世紀の羅針盤を目指して創刊しました。情報通信と科学分野における革新的な発明や発見を誰にでも理解できるように、基本の原理や仕組みのところから図解を交えてわかりやすく解説します。科学技術に関心のある高校生や大学生、社会人にとって、サイエンス・アイ新書は科学的な視点で物事をとらえる機会になるだけでなく、論理的な思考法を学ぶ機会にもなることでしょう。もちろん、宇宙の歴史から生物の遺伝子の働きまで、複雑な自然科学の謎も単純な法則で明快に理解できるようになります。

　一般教養を高めることはもちろん、科学の世界へ飛び立つためのガイドとしてサイエンス・アイ新書シリーズを役立てていただければ、それに勝る喜びはありません。21世紀を賢く生きるための科学の力をサイエンス・アイ新書で培っていただけると信じています。

2006年10月

※サイエンス・アイ（Science i）は、21世紀の科学を支える情報（Information）、
知識（Intelligence）、革新（Innovation）を表現する「 i 」からネーミングされています。

サイエンス・アイ新書
SIS-418

http://sciencei.sbcr.jp/

数はふしぎ
読んだら人に話したくなる数の神秘

2018年10月25日　初版第1刷発行

著　　者　今野紀雄
発 行 者　小川 淳
発 行 所　SBクリエイティブ株式会社
　　　　　〒106-0032　東京都港区六本木2-4-5
　　　　　営業：03(5549)1201
装　　丁　渡辺 縁
組　　版　近藤久博(近藤企画)
印刷・製本　株式会社 シナノ パブリッシング プレス

乱丁・落丁本が万が一ございましたら、小社営業部まで着払いにてご送付ください。送料小社負担にてお取り替えいたします。本書の内容の一部あるいは全部を無断で複写(コピー)することは、かたくお断りいたします。本書の内容に関するご質問等は、小社科学書籍編集部までで書面にてご連絡いただきますようお願い申し上げます。

©今野紀雄 2018　Printed in Japan　ISBN 978-4-7973-9338-5